I0057582

Neue
Leim-Untersuchungen

mit besonderer Berücksichtigung
der Kalt-Kunstharzleime

Von

Dr.-Ing. Hanns Klemm

Regierungsbaumeis er

Mit 167 Abbildungen auf 27 Tafeln

München und Berlin 1938
Verlag von R. Oldenbourg

Copyright 1938 by R. Oldenbourg, München und Berlin
Druck von E. G. Seeger, Stuttgart
Printed in Germany

Inhaltsverzeichnis

34 Tabellen

28 Graphische Darstellungen

167 Abbildungen auf 27 Tafeln

Vorwort zur Dissertation

Diese Arbeit ist nicht aus theoretischen Erwägungen, sondern aus der P r a x i s entstanden, aus den Schwierigkeiten der täglichen Praxis.

Die Praxis hat sich mit den ihr unmittelbar von der Natur oder von Wissenschaft und Technik erzeugten, ihr zur Verfügung stehenden W e r k s t o f f e n abzufinden. Die ihr notwendigen A r b e i t s v e r - v e r f a h r e n wird sie, unter dem Zwang der Verhältnisse, bald durch Änderung bisheriger finden.

Dagegen ist sie, nur auf sich selbst gestellt, bezüglich des Findens für sie besserer, in der Verarbeitung geeigneterer W e r k s t o f f e, mangels der für dieses Suchen erforderlichen Versuchseinrichtungen und Laboratorien fast hilflos. Ohne solche, fast unumgängliche Einrichtungen, kann günstigenfalls nur umfassende, lange technische Erfahrung, gefühlsmäßig vorfühlend, d a s für den Bedarfsfall Richtige finden.

Auf solche Art nur ist auch der neue, in dieser Arbeit behandelte, Werkstoff K l e m m - L e i m entstanden.

Nachdem der seit langen Jahren mit bestem Ergebnis in der holzverarbeitenden (Flugzeug-) Industrie verwendete K a s e i n - Leim aus hier nicht weiter zu erörternden Gründen in Deutschland durch den ihm in Wasserbeständigkeit und Schimmelfestigkeit anerkannt weit überlegenen Kunstharz-Leim „K a u r i t" ersetzt wurde, ergaben sich in der Praxis steigend große betriebliche Schwierigkeiten. Diese rührten davon her, daß dieser Leim, im Gegensatz zum Kasein-Leim, nur in d ü n n s t e n Lagen aufgebracht werden soll und deshalb genaueste P a s s u n g der zu verleimenden Flächen und auch besonders sorgfältige Zwingenpressung erforderlich macht — um Fehlleimungen zu vermeiden.

Diese scharfen Forderungen zogen sowohl eine stark fühlbare Verteuerung der Fabrikation (hohe Arbeitsgenauigkeit!), wie, wegen der außerordentlichen, auf den Fabrikations-Beteiligten (Facharbeiter, Vorarbeiter, Meister, Betriebs-Ingenieur usw.) ruhenden Verantwortung (Fehlleimungen!) eine dauernde Beunruhigung der Betriebe nach sich.

4

Diese Schwierigkeiten können natürlich durch verständig ausgebildete und eingesetzte Vorrichtungen, wenn auch mit entsprechendem Kostenaufwand, erheblich vermindert, jedoch nicht beseitigt werden. Es erscheint aber technisch unrichtig, erkannten Unzulänglichkeiten nur durch mehr oder weniger erreichbare Behebung ihrer W i r k u n g e n beizukommen, anstatt deren U r s a c h e , nämlich die Unzulänglichkeit selbst, zu beseitigen.

Die Ursache der geschilderten Schwierigkeiten ist aber in der vorbeschriebenen Eigenschaft des Kauritleims begründet. S i e ist ein auf der holzverarbeitenden (Flugzeugbau-) Praxis lastender Druck, von dem sich befreien zu können ihr Bedürfnis sein mußte.

Dies soll mit der Schaffung des K l e m m - Leims geschehen, was in nachfolgender Arbeit, die sich im wesentlichen a n d i e P r a x i s wendet, dargelegt werden soll.

Für die wertvollen Ratschläge, die ich von den Herren Professoren Dr.-Ing. S i e b e l und G r a f hinsichtlich der äußeren Gestaltung vorliegender Abhandlung erhielt, danke ich ihnen auch an dieser Stelle verbindlichst. Das gleiche gilt für die wichtige, mir von Herrn Dr. E g n e r geleistete Hilfe bei der Zusammenstellung des Schrifttums. Besonderen herzlichen Dank sage ich Herrn Ing. B u t z e r von meiner HK-Versuchsabteilung, der mit unermüdlicher Hingabe und seltenem Eifer bei der Vorbereitung, Durchführung und Auswertung der angestellten, zahlreichen Versuche mittätig war.

Böblingen, Juli 1937.

Vorwort zur Verlagsausgabe

Vorliegende Abhandlung diente – in ihrem wesentlichen Teil und Umfang –, wie aus dem vorhergehenden Vorwort hervorgeht, dem Verfasser als Dissertations-Arbeit. Zahlreiche aus der Praxis eingegangene Anfragen ließen es als geboten erscheinen, diese Arbeit durch den Buchhandel einem größeren Kreis von Interessenten zugänglich zu machen.

Nach Abschluß der Dissertation sind nun noch verschiedene weitere Versuchsreihen noch im Gang gewesen oder begonnen worden, deren Ergebnis zweckmäßigerweise in die Verlagsausgabe aufgenommen werden sollte, so insbesondere die so außerordentlich anschaulichen und beweiskräftigen Ergebnisse der „quantitativen Alterungsversuche" und die „Anschauungsversuche" über Alterungserscheinungen beim Abbinden (Gefügefestigkeit).

Die Einfügung dieser neuen Versuchsergebnisse bewirkte eine ziemliche Ausweitung dieses Werks. Sie bot auch Anlaß, die Abhandlung gründlich durchzusehen und sie, der Übersichtlichkeit halber (wegen des Nachschlagens) neu in Abschnittseinteilung und -folge zu ändern, womit sie für die „Praxis" noch dienlicher sein kann.

Ich muß an dieser Stelle dem Drucker dieser Abhandlung, der Firma E. G. Seeger, Stuttgart, meinen herzlichen Dank für seine Mühe und seine Sorgfalt in der Ausarbeitung und beim Umbruch des Schriftsatzes aussprechen mit besonderem Hinweis auf die auch hinsichtlich der „Tafeln" drucktechnisch vorzügliche Ausstattung dieses Werkes.

Böblingen, Mai 1938.

Geleitwort

Das Gestalten und die Herstellung der Leimverbindungen sind sehr wichtige Aufgaben der Technik geworden. Viele Ingenieurwerke, wie Flugzeuge, Fahrzeuge, Hallen u. a. m., die im Gebrauch unbedingt zuverlässig sein sollen und die mit verhältnismäßig hohen Anstrengungen benützt werden, sind geleimt; der Leim bildet dabei nicht selten das einzige Bindeglied der Tragteile. Deshalb muß die Leistungsfähigkeit und die Haltbarkeit der Leimverbindungen verbürgt werden; man muß durch Erfahrung und Versuch klarstellen, wie vorzugehen ist, damit das Gewollte zustande kommt.

Herr Dr.-Ing. K L E M M hat eine besonders wichtige Teilaufgabe der Verleimung untersucht; er hat die Bedingungen verfolgt, welche der Leim erfüllen muß, wenn er eine dauerhafte Verbindung liefern soll; seine Versuche sind aus Beobachtungen an Leimverbindungen entsprungen, an die besonders hohe Ansprüche gestellt werden. Der von Herrn Klemm beschrittene Weg führte zu einer wichtigen Verbesserung der Leimtechnik. Versuche, die mit großen Bauteilen in dem von mir geleiteten Institut ausgeführt wurden und die zu den seit längerer Zeit laufenden Versuchen über die zweckmäßige Gestaltung der Leimverbindungen gehören, haben sehr nachdrücklich gezeigt, daß die Vorschläge von Herrn Klemm wertvoll sind.

Otto Graf
o. Professor an der Techn. Hochschule Stuttgart
Direktor des Instituts für die Materialprüfungen
des Bauwesens

7

Einleitung

Die L e i m t e c h n i k ist der Menschheit ohne Zweifel seit urvor-
denklichen Zeiten bekannt.

Sie wird aus ‚Zufall‘ von den primitiven Menschen der Vorzeit gefunden worden sein. Diese werden bei der Zubereitung des erlegten
Wildes oder gefangener Fische usw. bald die Beobachtung gemacht
haben, daß auch solche Teile des Tierkörpers, die kaum oder gar
nicht zum Verzehren sich eigneten, doch von Nutzen für sie waren:
Diese Teile zeigten für jene Primitiven eine ganz merkwürdige Eigenschaft! Sie lösten sich im kochenden Wasser mehr oder weniger auf,
und die dabei sich bildende Brühe wurde beim Erkalten (wohl über
Nacht) zu einer gallertigen Masse, die gut klebende Eigenschaften
hatte (16). *) Diese Eigenschaft muß jenen Menschen von ganz besonderem Nutzen gewesen sein, weshalb die so gefundene ‚Leimherstel-
lung‘ nicht mehr in Vergessenheit geriet, sondern gepflegt und ‚weiterentwickelt‘ wurde.

Von dieser Erkenntnis und Pflege des Erkannten an bis zur planmäßigen ‚gewerblichen‘ Herstellung des „Leims“ war es nur ein wenn
auch lange Zeit gebrauchter Schritt.

Auf das Bestehen der Leimtechnik weist u. a. auch schon P l i n i u s (16)
hin; er schreibt die Erfindung des Leims in der dazumal üblichen,
sagenhaften Art dem D ä d a l o s zu. Auch wird schon 1500 v. Chr. in
einem Königsgrab in Theben aus der Zeit Trotmes III. in einer ägyp-
tischen Steingravüre die Leimverwendung gezeigt (6).

Das Gewerbe der ‚Leimsieder‘ ist also uralt. Es hat sich natürlich im
Laufe der Zeit weiterentwickelt, wenn auch, fast in Jahrtausenden,
sehr langsam. In seiner urprimitiven Form hat es sich zum Teil bis auf
unsere Tage erhalten.

Im Laufe dieser in fernste Zeiten zurückreichenden, recht langsam fort-
schreitenden Entwicklung, wurde nun verständlicherweise sogar schon
von den Natur-Menschen, je nach Landstrich und Klima, in dem sie
lebten, gefunden, daß nicht bloß tierische Substanz zur Leimgewin-
nung sich eigne, sondern daß dies auch bei gewissen Pflanzen der Fall
sei. Ja, diese Pflanzen boten den „Leim“ direkt, ohne daß eine besondere Zurichtung erforderlich war; auch konnte man durch besondere,
bald gefundene Behandlung, weitere ‚leimartige‘ Stoffe gewinnen.
Diese ‚Entdeckungen‘ und ihre „technische“ Verbesserung und Ver-
wertung setzte sich bis zur planmäßigen Kunstharzherstellung unserer
Tage fort.

---

*) Schrifttum.

Im Verlauf dieser erst nach sehr langer Zeit planmäßig geführten Entwicklung erwuchsen aus ihr d r e i große Leimgruppen (5):

1. T i e r i s c h e Leime:
   a) Gelatine-Leime
   b) Haut-Leime
   c) Leder-Leime
   d) Knochen-Leime
   e) Fisch-Leime
   f) Kasein-Leime
2. V e g e t a b i l i s c h e Leime:
   g) Weizenkleber-Leime
   h) Stärkekleister-Leime (Industrie- und Malerleime)
   i) Pflanzengummi (Gummi arabicum, Tragant usw.)
   k) Kautschuk-Leime
   l) Naturharz-Leime (Kanadabalsam, Schellack, Kolophonium, Mastix, Kopalarten usw.).

Zu diesen ‚natürlichen‘ Leimen traten in neuerer Zeit die ‚künstlichen‘ Leime:

3. K ü n s t l i c h e Leime:
   m) Zellulose/Ester-Leime
   n) Kunstharz-Leime.

Im Rahmen vorliegender Arbeit ist es nun natürlich weder notwendig, noch angebracht und möglich, auf alle diese Leimarten einzugehen. Hierüber besteht Fachliteratur.

Es sollen im folgenden nur diejenigen Leime – und die älteren (Knochen- und Kaseinleim) in entsprechend angemessener Beschränkung – in nur technologischer Betrachtung behandelt werden, welche in der heutigen Zeit in der holzverarbeitenden Industrie, insbesondere in der Flugzeugindustrie, Verwendung finden, oder vor nicht allzulanger Zeit fanden.

Im Vergleich mit d i e s e n Leimen soll der neugeschaffene K l e m m - L e i m hinsichtlich seiner – für die Praxis wichtigen – technologischen Eigenschaften möglichst eingehend untersucht, und die Zweckmäßigkeit seiner Erschaffung auf Grund eines Vergleiches mit den anderen Leimen begründet werden.

Nachstehende Untersuchungen erstrecken sich demnach (mit besagter Beschränkung) in z w e i A b s c h n i t t e n auf:

E r s t e r A b s c h n i t t : Grundsätzliche Untersuchung bekannter Leime
   A. Üblicher Tischlerleim (Haut-, Leder-, Knochen-)
   B. Kasein-Leim
   C. Kaurit-Leim

10

Zweiter Abschnitt: Klemm-Leim
A. Grundsätzliche Untersuchungen
B. Besondere Technologie
C. Vergleiche.

Mit Rücksicht auf den Umfang vorliegender Arbeit wurden die aus dem Klemm-L e i m entwickelten weiteren Werkstoffe: Klemm-S p a c h - t e l und Klemm-S t o f f nicht behandelt; dies soll an anderer Stelle geschehen. Diese Werkstoffe haben auch nur einen sehr losen Zusammenhang mit dem Klemm-L e i m, weshalb ihre Behandlung in vorliegendem Zusammenhang nur eine durchaus unerwünschte Unklarheit hinsichtlich der Bedeutung des Klemm-L e i m s zur Folge haben würde.

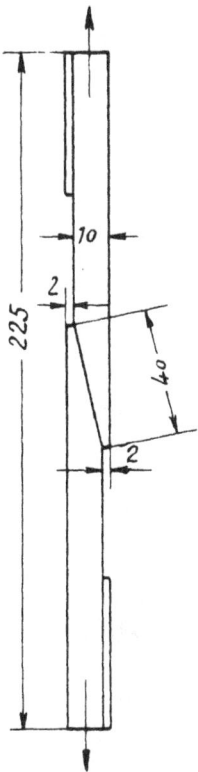

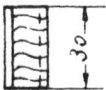

Es wurden folgende Untersuchungen angestellt:

1. Festigkeit der Leimverbindung.
2. Festigkeit der Leimverbindung in Abhängigkeit von der Abbindezeit (Erstarrungszeit).
3. Volumenänderung des erhärtenden Leims während der Abbindezeit (Erstarrungszeit).
4. Gewichtsänderung des erhärtenden Leims während der Abbindezeit (Erstarrungszeit).

Die Prüfungen zu 1. wurden in der Art durchgeführt, wie sie in den deutschen Bauvorschriften für Flugzeuge (BVF) (18) festgelegt ist.

Die Leimverbindung wurde hiernach in drei verschiedenen Zuständen untersucht, bei welchen nachstehende „Soll-Festigkeitswerte" nicht unterschritten werden sollen:

Zustand:	Soll kg/cm²	Behandlung:
trocken:	55	nach 6 Tagen lufttrockener Lagerung
naß:	20	wie vor, sodann 24 Std. im Wasser gelegen
wieder trocken:	50	wie vor, sodann 2 Tage lufttrocken gelagert

Die Probekörper wurden aus Kiefernholz (zum Teil auch Buchenholz) nach nebenstehender Skizze ausgeführt.

Das für die Probekörper verwendete Holz hatte i. M. folgende Eigenschaften:

	Druck-, kg/cm²	Zug- kg/cm²	Biegung kg/cm²	Sp. G.	Feuchtigkeit
Deutsche Kiefer:	534	1027	852	0,56	ca. 12 %
Buche:	741	1668	1264	0,69	11,4 %.

Der Leimauftrag erfolgt normal bzw. nach den gegebenen Gebrauchsanweisungen (Kaurit-Leim).

Die Erprobung der Prüfstücke erfolgte in einer Zerreiß-Maschine von 5 Tonnen (Tarnogrocki) mit einer Geschwindigkeitssteigerung des Zerreißzugs von 100 kg/cm² in der Minute.

Die Untersuchungen zu 2. erfolgten in entsprechenden Stufen:

für Knochenleim bis zu 120 Stunden
für Kaseinleim bis zu 200 Stunden
für Kauritleim bis zu 100 Stunden
für Klemmleim bis zu 100 Stunden,

und zwar mit Probekörpern, die denen zu 1. (Trocken-Zustand) entsprechen.

Für die Prüfungen zu 3. und 4. wurden aus der Leimmischung „Stangen" von 25 mm ⌀ und 100 mm Länge sowie „Kuchen" von 140 mm ⌀ und 10 mm Dicke hergestellt; bei Kaurit- und Klemmleim-Mischung wurde hierbei von vornherein 10 % Kalthärter (rot) beigemischt.

Die Beobachtungen und Messungen wurden weit über die Zeit der üblich angenommenen „Abbindedauer", nämlich bis zu 20 Tagen, ausgedehnt, um etwaige Nachwirkungen des Abbindens (der Erstarrung) feststellen und beurteilen zu können.

Um Streuwerte der Versuchsergebnisse möglichst auszugleichen, wurde jeweils eine größere Zahl von Probekörpern (bis zu 10 Stück) hergestellt und untersucht.

Auf diese Weise wurde eine systematische Untersuchung der behandelten Leime durchgeführt mit dem Zweck, der Praxis aus den beim Abbinden der verschiedenen Leime sich zeigenden Erscheinungen ein sicheres Gefühl für die jeweils richtige Verwendung dieser Leime zu verschaffen.

Insofern im Schrifttum ähnliche Untersuchungen bekannt sind, wird auf sie, soweit eine Beziehung vorliegt, an entsprechenden Stellen dieser Arbeit Bezug genommen.

Erster Abschnitt:

Grundsätzliche Untersuchungen bekannter Leime

A. Üblicher Tischlerleim (Haut-, Leder-, Knochen-)

In der Frühzeit des Flugzeugbaus, in der man, abgesehen von den Drahtverspannungen und Beschlägen, fast ausschließlich Holz als Konstruktionsmaterial verwendete, wurde, übernommen von der Technik der Schreinerei (Tischlerei), für die Holzverbindungen der übliche K n o c h e n - (Tischler-) Leim benützt.

Nur aus diesem Grunde soll diese Leimart im Rahmen dieser Untersuchung behandelt werden, und auch deshalb, um eine Erklärung dafür zu geben, aus welchen, nur zu berechtigten Gründen, dieser Leim im Flugzeugbau gegen einen anderen, zweckentsprechenderen Werkstoff aufgegeben wurde.

Das Flugzeug ist ein Erzeugnis, das naturgemäß dauernden Witterungseinflüssen ausgesetzt ist, auch dann, wenn es – ohne Not – im Nichtgebrauch nicht im Freien, sondern in überdachten, auch seitlich abgeschlossenen Räumen (Flugzeughallen) untergebracht wird.

Diesen Einflüssen hat seine Bauart und die Konservierung seiner Bauteile standzuhalten.

In besonderer Hinsicht betrifft diese Forderung die sogenannten lebenswichtigen Teile des Flugzeugs. Hierzu gehören bei vorgenannten Flugzeugen (und auch bis zu solchen der Jetztzeit) die H o l z v e r b i n - d u n g e n.

Diese müssen unter allen vorgeschilderten Umständen witterungsfest sein, sonst würde der Flugzeugaufbau auch ohne irgendwelche äußere (Bruch- usw.) Einwirkung in kurzer Zeit zerfallen.

Letztere Erscheinung hat man nun in der Frühzeit des Flugzeugbaus des öfteren erlebt.

Die nachfolgenden Untersuchungen des ‚Knochenleims' hinsichtlich seiner Festigkeit in verschiedenen Zuständen geben hierfür die Erklärung.

13

1. Bindefestigkeit des Knochenleims.

Tabelle 1

Zustand	Probe Nr. HK 134/	Einzelwert	Mittel
	1	58,2 *	
	2	50,0 *	
	3	56,9 *	
	4	77,3 *	
trocken:	5	41,7	60,7
	6	42,2	
	7	89,4	
	8	65,8	
	9	58,6 *	
	10	66,7 *	
	11	1,6	
	12	3,1	
	13	4,2	
	14	1,4	
naß:	15	1,0	2,3
	16	1,9	
	17	3,6	
	18	4,2	
	19	0,8	
	20	1,7	
	21	8,9	
	22	32,5	
	23	9,2	
	24	15,5	
Wieder trocken:	25	22,8	18,6
	26	29,3	
	27	30,4	
	28	21,4	
	29	6,4	
	30	9,6	

* Im Holz ausgeschert, daher tatsächliche Leimfestigkeit höher.
Die Bindefestigkeit „trocken" genügt dem „Soll-Wert". Die Festigkeit „naß" und „wieder trocken" liegt 88 % bzw. 62 % unter dem „Soll-Wert".

Die aus vorstehenden Versuchen sich ergebende „Naß"- und „Wieder-
trocken"-Festigkeit des Knochenleims war für ein Bauwerk, das wie ein
Flugzeug – auch in der Frühzeit des Flugzeugbaus – den Witterungs-
verhältnissen mehr oder weniger stark ausgesetzt werden mußte, verständlicherweise ungenügend. Man versuchte dazumal, diese Festigkeit durch Zusatz von pulverförmigen Mitteln (z. B. Gips) zu verbessern,
ging aber bald daran, den Knochenleim durch den neu aufgekommenen
Kaseinleim zu ersetzen, der in dieser Hinsicht weit besser war.

Mit Rücksicht auf die nachfolgenden weiteren Untersuchungen schien
es der Vollständigkeit und des Vergleichs halber von Interesse, auch
für den Knochenleim noch Versuche zur Bestimmung seiner A b -
b i n d e z e i t sowie seiner V o l u m e n - und G e w i c h t s ä n d e -
r u n g während der Abbindezeit (Erstarrung) vorzunehmen.

2. Abbindezeit des Knochenleims. (15)

Es wurden eine Reihe von BVF-Probekörpern üblicher Art, und zwar
für jede Stufe (Zeitdauer der Abbindung) drei Stück, untersucht, wobei
sich das in nachstehender Tabelle und in der graphischen Darstellung
aufgezeigte Bild der bekannten, verhältnismäßig kurzen, für die Praxis
so erwünschten Abbindedauer ergab.

Tabelle 2

Prüfung Std. nach Verleimung	Bindefestigkeit kg/cm^2		
	Tiefst	Höchst	Mittel
1	32	43	36
3	45	53	48
5	56	64	59
10	58	61	60
24	52	67	58
48	58	63	61
120	60	64	62

Graphische Darstellung zu 2.:

Knochenleim
Leimfestigkeit abhängig von der Abbindezeit

(Gr. D. 1)

Verlauf
der ersten 10 Stunden

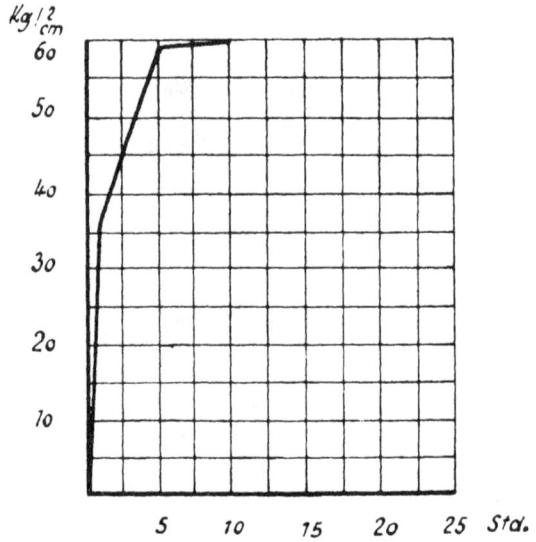

Kg/cm^2
60
50
40
30
20
10

5   10   15   20   25 Std.

(Gr. D. 2)

Verlauf
bis 120 Stunden

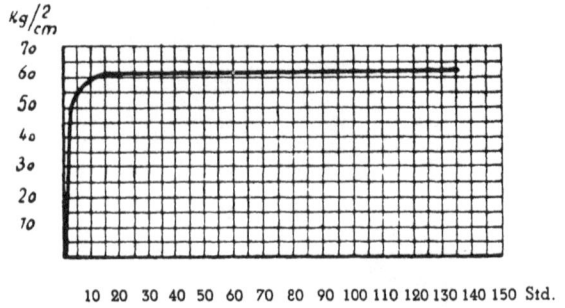

Kg/cm^2
70
60
50
40
30
20
10

10 20 30 40 50 60 70 80 90 100 110 120 130 140 150 Std.

3. Volumenänderung des Knochenleims.*)

Volumenänderung während der Erstarrung

in Prozenten (%)   Tabelle 3

Probe Nr. HK	Anzahl der Tage							
	2	3	4	5	6	11	12	14
136 1	25,7	32,2	—	43,8	47,5	—	56	57,7
136 2	24,1	32,2	—	41,9	45,3	—	55,5	57,5
136 3	24,6	30,4	—	42,6	45,8	—	56	58
Mittel:	24,8	31,6	—	42,7	46,2	—	55,8	57,7

4. Gewichtsänderung des Knochenleims.*)

Gewichtsänderung während der Erstarrung

in Prozenten (%)   Tabelle 4

Probe Nr. HK	Anzahl der Tage									
	1	2	3	4	5	8	11	13	14	15
136/4	15	28,5	30	—	37	44	—	46	46,5	47
136/5	15	24,2	29,5	—	36	43	—	44,5	45,5	46
136/6	17	27,5	33	—	39,5	47,5	—	49	49,5	50,2
Mittel:	15,7	26,7	30,8	—	37,5	44,8	—	46,5	47,1	47,7

*) Bestimmt an den „Stangen" und „Kuchen".

Graphische Darstellung zu 3.:

Knochenleim

Volumenänderung abhängig von der Erstarrungsdauer

(Gr. D. 3)

Verlauf
der ersten 40 Stunden

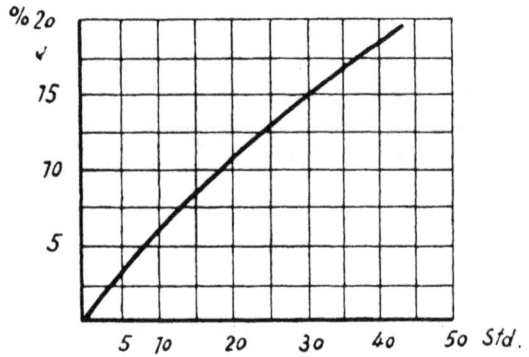

Verlauf bis 15 Tage   (Gr. D. 4)

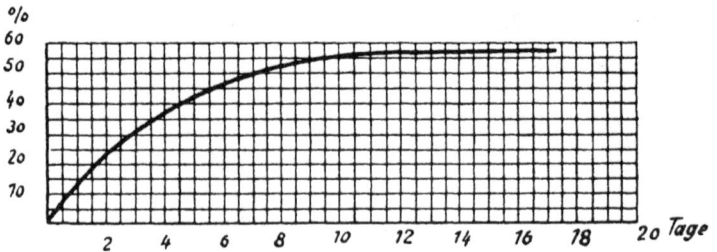

Graphische Darstellung zu 4.:

Knochenleim

Gewichtsänderung abhängig von der Erstarrungsdauer

(Gr. D. 5)

Verlauf
der ersten 40 Stunden

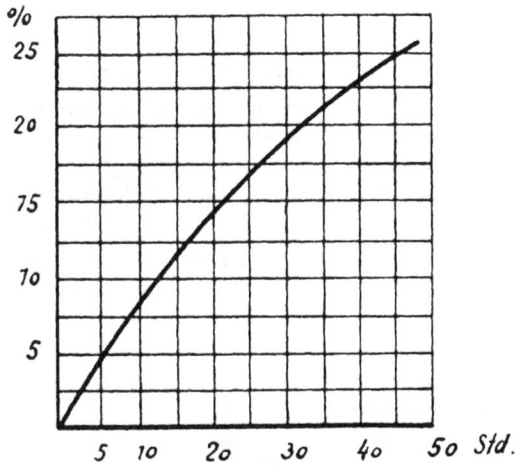

Verlauf bis 15 Tage   (Gr. D. 6)

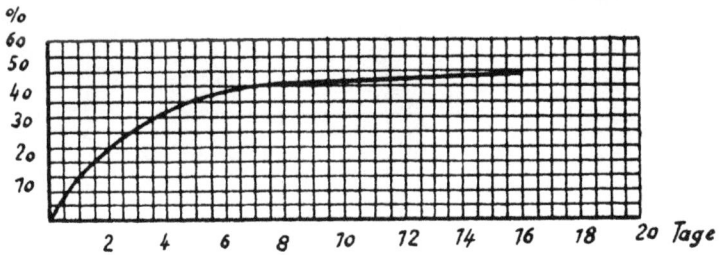

Das Ergebnis dieser Versuche ist bemerkenswert:

Trotzdem die „Abbindung" bis zum Erreichen der höchsten Bindefestigkeit schon nach wenigen Stunden abgeschlossen ist, ist die
völlige „Erstarrung" des Leims, wie der Verlauf der Volumen- und
Gewichtsverminderung und die Formänderung zeigt, erst nach etwa
14 Tagen erfolgt. Dies besagt, daß die eigentliche „Abbindezeit" tatsächlich erst nach dieser Zeit (14 Tagen) völlig abgeschlossen ist!

Die Kontraktion (Zusammenziehung) sowie die Gewichtsverminderung
ist außerordentlich groß:

Zusammenziehung   ca. 60 %
Gewichtsverminderung   ca. 50 %.

Die Zusammenziehungs- (Formveränderungs-) Spannungen werden
aber in sehr gutem Maße aufgenommen bzw. innerlich ausgeglichen,
dies zeigen anschaulich die beigefügten Abbildungen: selbst bei sehr
starker Zusammenziehung und Verformung ist keinerlei Rissebildung
aufgetreten (Tafel I).

Hinsichtlich dieser auffallend guten „Erhärtungs- (Erstarrungs-) Ela-
stizität" verhält sich der Knochenleim, im Vergleich zu den im Nachfolgenden untersuchten Leimen, bemerkenswert gut.[*)]

Diese Tatsache, die gute Streichfähigkeit und die außerordentlich
kurze Abbindezeit (bis zur Weiterverarbeitungsfähigkeit des Werk-
stückes) begründen die große Beliebtheit dieses Leims in der holzverarbeitenden Praxis auch heute noch – soweit es sich um die Herstellung von Gegenständen und Konstruktionen für Innenräume
handelt.

Trotzdem wird aber der Knochenleim zweifellos auch außerhalb des
Flugzeugbaus durch die neuen (Kunstharz-) Leime mehr und mehr verdrängt werden, da ihm, als organischem Stoff, die notwendige Wasser-
und Verschimmelungsfestigkeit fehlt.

---

*) Siehe jedoch auch „Anschauungsversuche" Seite 135 ff.

Tafel I

Knochenleim

Abb. 1-15

1. Tag

5. Tag

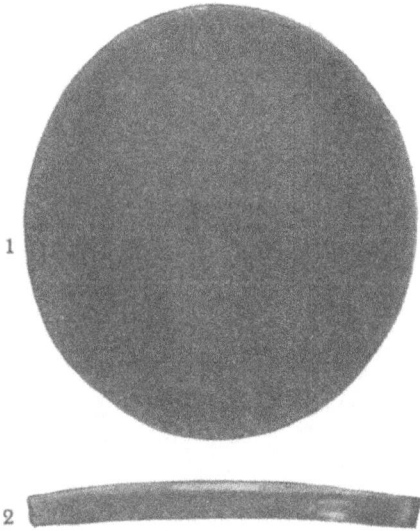

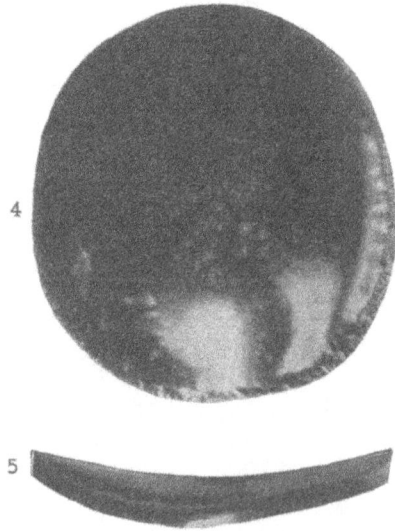

n .

20. Tag

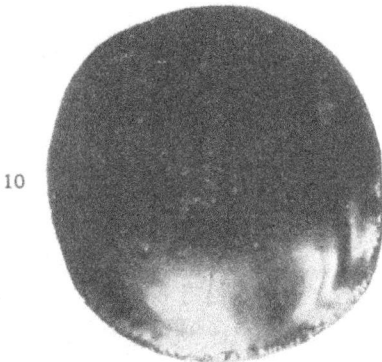

10

11

12

30. Tag

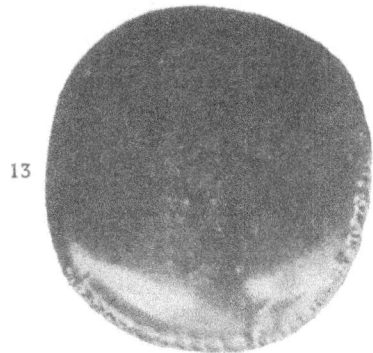

13

14

15

B. Kasein-Leim

Dieser „Kalt"-Leim, der den in der Holzverarbeitung alt-traditionellen Knochenleim im Flugzeugbau rasch verdrängt hat, erscheint erstmals genannt in der Patentschrift Nr. 60 156 vom 15. 4. 1891 (20). Die Einführung in den Luftfahrzeugbau erfolgte jedoch zweifellos erst durch die Wirkung der der Firma Schütte-Lanz erteilten Patente Nr. 307 196 vom 3. 5. 1917 und Nr. 309 423 vom 24. 12. 1916. (21, 22).

Es sind noch eine Reihe von (Kasein-) Kaltleimen patentiert worden und auf dem Markt erschienen: Beherrschend und rasch setzte sich dieses neue Leimverfahren, besonders im Flugzeugbau, durch.

Wenn sich auch dieser neue Leim nicht als absolut wasserfest (und schimmelfest) erwies, so war seine diesbezügliche Eigenschaft doch so (gut), daß er für den Flugzeugbau unbedenklich verwendet und als genügend „witterungsbeständig" angesehen werden durfte. Mehr als 25-jährige Erfahrungen der Flugzeugbau- und Verkehrspraxis haben denn auch die Berechtigung dieses durch Kontrollversuche während der Fabrikation befestigten Vertrauens in das Kalt- (Kasein-) Leimverfahren erwiesen. –

Auf Grund der laut BVF (18) vorgeschriebenen dauernden Kontrollversuche in der Flugzeug-Fabrikation ergeben sich im Laufe einiger Jahre in einem einzigen Betriebe hunderte von Versuchsergebnissen. Dem Verfasser stehen solche aus einer Zeit von mehr als 10 Jahren seitens der Leichtflugzeugbau Klemm G. m. b. H. zur Verfügung. Als Mittel dieser ergeben sich nachstehende Werte:

1. Bindefestigkeit des Kasein-Leims.   Tabelle 5

	kg/cm²	BVF-Soll kg/cm²	Knochenleim kg/cm²
trocken	68	55	60
naß	31	20	2,3
wieder trocken	59	50	18,6

Alle drei Werte liegen also nicht unerheblich über den BVF-Soll-Werten; der „Naß"- und „Wieder-trocken"-Wert liegt sodann so hoch über dem des Knochenleims, daß dessen Verdrängung durch den Kasein-Leim verständlich ist.

2. Abbindezeit des Kasein-Leims. (15)

Diese Untersuchung wurde wie beim Knochenleim, jedoch für 7 Stufen der Abbindedauer (bis zu 200 Stunden Beobachtung), durchgeführt.

Tabelle 6

Prüfung Std. nach Verleimung	Bindefestigkeit kg/cm²		
	Tiefst	Höchst	Mittel
5	16	25	20
10	30	37	34
25	41	58	47
50	55	62	58
100	58	76	66
150	60	79	68
200	63	74	67

Graphische Darstellung zu 2.: (Gr. D. 7)

Verlauf der ersten 25 Stunden

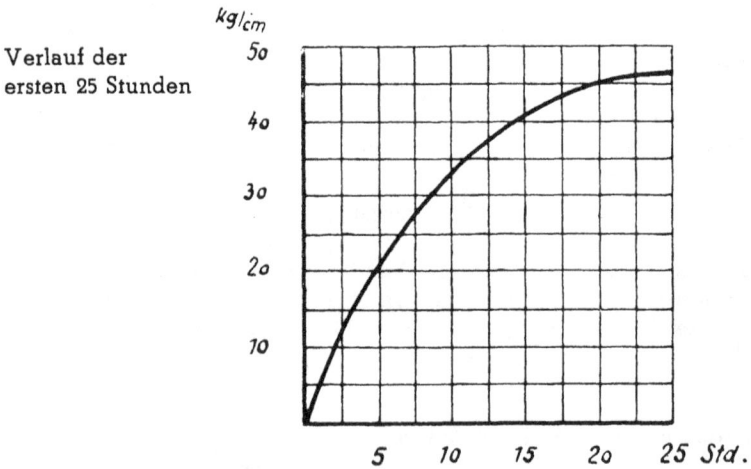

Verlauf b. 150 Std.

(Gr. D. 8)

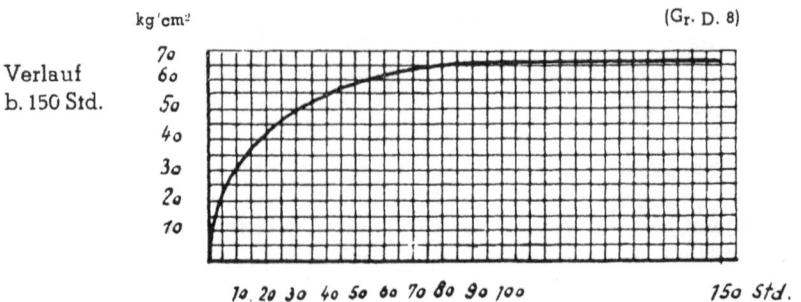

Die Abbindung bis zum Erreichen der höchsten Festigkeit ist also, wie Tabelle und graphische Darstellung zeigen, etwa nach fünf Tagen (120 Stunden) abgeschlossen.

3. Volumenänderung des Kasein-Leims.*)

Volumenänderung während der Erstarrung
in Prozenten (%)   Tabelle 7

Probe Nr. HK	Anzahl der Tage								
	1	2	3	4	5	6	11	12	14
137/1	10,0	25	43,2	52	58	60	65	66	—
137/2	9,3	22,8	43,8	53,5	59	61,5	67	67,8	—
137/3	11,0	21,8	42,5	51	57,4	59,5	66	66	—
Mittel:	10,1	23,2	43,1	52,1	58,1	60,3	66	66,5	—

4. Gewichtsveränderung des Kasein-Leims.*)

Gewichtsänderung während der Erstarrung
in Prozenten (%)   Tabelle 8

Probe Nr. HK	Anzahl der Tage								
	1	2	3	4	5	8	11	13	14	15
137/4	12,1	27,5	40	47,5	—	61	– –	62,2	62,5	62,5
137/5	13	27,2	39,5	47	—	60	—	61,5	61,7	61,7
137/6	13,5	28,7	40	47,5	—	60,2	—	62	62,2	62,5
Mittel:	12,9	27,8	39,8	47,3	—	60,4	—	61,9	62,1	62,2

*) wurde an den „Stangen" und „Kuchen" bestimmt.

Graphische Darstellung zu 3.:

Kasein-Leim

Volumenänderung abhängig von der Erstarrungsdauer

(Gr. D. 9)

Verlauf
der ersten 40 Stunden

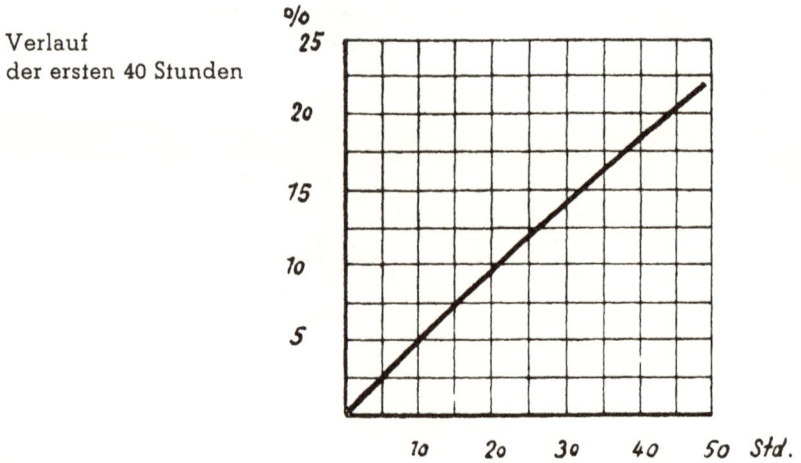

Verlauf bis 12 Tage

(Gr. D. 10)

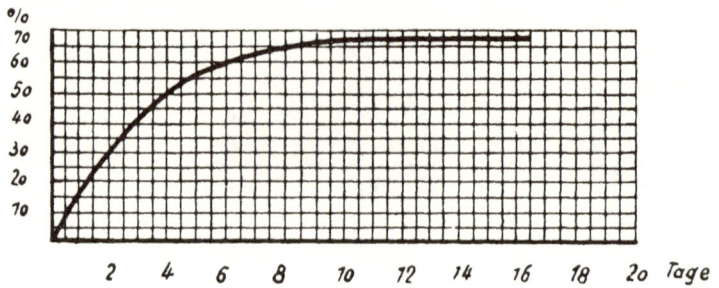

Graphische Darstellung zu 4.:
Kasein-Leim
Gewichtsänderung abhängig von der Erstarrungsdauer

Verlauf
der ersten 40 Stunden

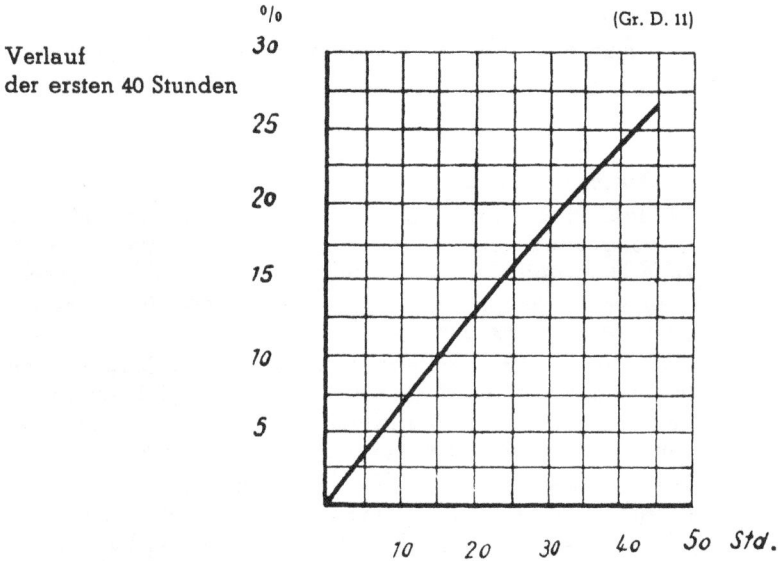

(Gr. D. 11)

Verlauf bis 15 Tage   (Gr. D. 12)

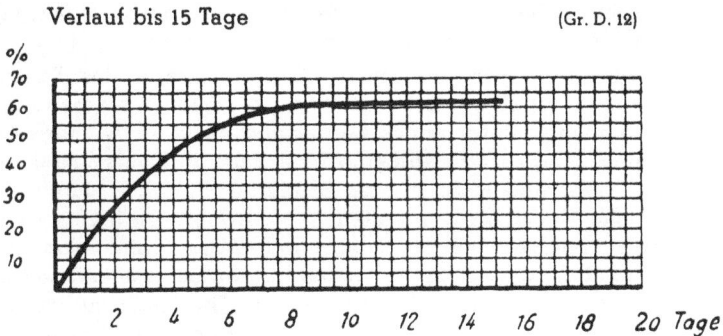

Trotz seiner verhältnismäßig kurzen Abbindezeit (5 Tage) ist die völlige Erstarrung auch des Kaseinleims (siehe Verlauf der Volumen- und Gewichtsverminderung und Formveränderung) erst nach etwa 14 Tagen abgeschlossen.

27

Hierbei zeigt auch der Kaseinleim sowohl eine sehr starke Zusammenziehung (66 %), wie eine starke Gewichtsverminderung (62 %).

Die „Kuchen"-Abbildungen zeigen aber nach 20-tägiger — voll ab-
geschlossener — Erstarrung des Leims wohl eine starke Wölbung,
aber keine Risse. Nach 30-tägiger Lagerung jedoch sind die Kuchen in
mehrere Teile zerfallen (Tafel II).

Wenn auch demnach die Erstarrungselastizität des Kaltleims als gut zu
bezeichnen ist, so ist sie doch erkenntlich schlechter, als die des
Knochenleims.*)

5. Betriebstechnische Beurteilung.

a) Die festgestellte erforderliche Abbindezeit bis zur Wieder-
Weiterverarbeitung des Werkstücks ist verhältnismäßig lange;
sie kann aber (und wird) hinsichtlich ihres fabrikationshemmen-
den Einflusses weitgehend durch entsprechende Arbeitseintei-
lung und- einrichtung ausgeglichen werden.

b) Der Kaseinleim hat eine gute satte Streichfähigkeit (teigig), auch
ist der Leimaufstrich gut sichtbar (teigig — milchig). Er hat ferner
die Eigenschaft, füllend und bindend zu wirken und auch sogenannte Leimnester auszufüllen (siehe Erstarrungselastizität).

Diese betriebstechnisch angenehmen Eigenschaften des Kasein-
leims erlauben es, die notwendige Genauigkeit der Holzbearbeitung in für die Praxis tragbaren Toleranzgrenzen zu halten, und
auch hinsichtlich der Art, Stärke und Verteilung des Zwingendrucks keine besonders große, über das Übliche hinausgehende,
fabrikationserschwerende Sorgfalt walten zu lassen.

Wenn nun trotz der sehr guten Festigkeitswerte des Kaseinleims,
seiner guten Erstarrungselastizität, seiner guten Verarbeitungsfähigkeit und nicht zuletzt seiner betriebstechnisch so wichtigen Eigenschaft auch „füllend" zu wirken, dieser Leim in Deutschland im Flugzeugbau mehr und mehr bis zur Bedeutungslosigkeit durch neu auf-
gekommene Kunstharz-Leimverfahren verdrängt wurde, so ist dies —
nicht so sehr seinem Mangel an absoluter Wasser- und Schimmelfestigkeit — sondern wesentlich auf besondere in Deutschland seit einigen
Jahren mit steigender Kraft bestimmende Umstände zurückzuführen;
denn im Ausland ist dieser Wandel in diesem weitgehenden Umfang
bis jetzt noch nicht eingetreten.

Hierüber und über eines der wichtigen neuen Kunstharz-Leimverfahren
soll im nächsten Abschnitt des Näheren gesprochen werden. — —

---

*) Siehe auch „Anschauungsversuche" Seite 137 ff.

Kasein-Leim

Abb. 16-30

1. Tag

5. Tag

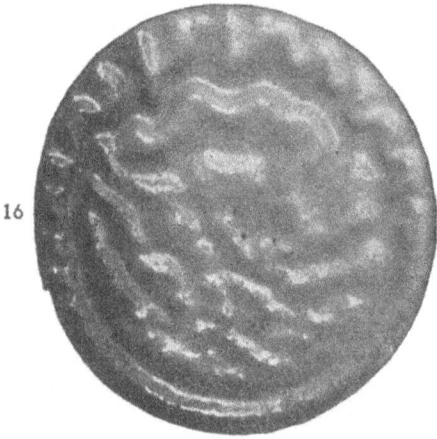

16

19

22

23

17

20

18

21

g

20. Tag

30. Tag

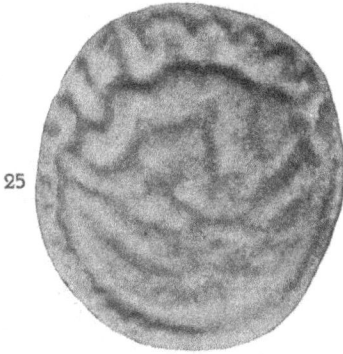

25

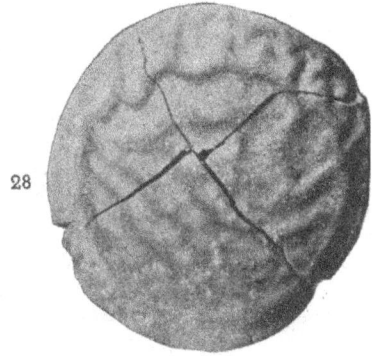

28

26

29

27

30

C. Kaurit-Leim

Die Holzkonstruktion der Flugzeugzelle wurde, besonders von der deutschen Technik, in den beiden letzten Jahrzehnten planmäßig aufs höchste, international führend, entwickelt und verfeinert.

Dies fand u. a. auch seinen Ausdruck in einer zunehmenden Verwendung von dünnem Sperrholz für die Herstellung einzelner Konstruktionsglieder. Der Verwendungsumfang des Sperrholzes im Flugzeugbau stieg mehr und mehr an, als dieses Material auch noch zur Beplankung der großen Flächen des Rumpfes und von Teilen des Tragflügels herangezogen wurde.

Mangels genügenden Birken-Wachstums in Deutschland muß der für die Birken-Sperrholz-Fabrikation erforderliche Rohbedarf fast gänzlich aus dem Ausland bezogen werden. Dieser Umstand wurde in den letzten Jahren – wie hier nicht weiter erörtert zu werden braucht – mehr und mehr bedenklich.

Dies führte zu Versuchen, ein für den Flugzeugbau geeignetes Sperrholz aus Rohholz herzustellen, das in Deutschland in genügender Menge zur Verfügung steht, wie z. B. Buchenholz.

So entstand nach langdauernden, schwierigen Versuchen das deutsche B u c h e n - Sperrholz, das heute in beliebigen Stärken und Mengen, dank der tatkräftig und zielbewußt betriebenen Versuchsarbeit, auf dem Markt erhältlich ist.

Die Verleimung der einzelnen B u c h e n - Furniere zu Sperrholz machte anfänglich kaum überwindliche Schwierigkeiten:

Das bei der Herstellung von Birkensperrholz ohne Schwierigkeiten angewandte Kasein-Leimverfahren erwies sich für die Verleimung von Buchen-Furnieren als untauglich. Buchensperrholz ist bekanntlich stark wasseraufnahmefähig, es neigt hiebei leicht zu starkem Schwinden und Quellen, und dies in dünnen Lagen natürlich ganz besonders. Andererseits wird der Kaseinleim mit starkem Wasserzusatz angemacht. Demzufolge war es praktisch unmöglich, mit ihm auch nur einigermaßen eben liegenbleibende Buchen-Sperrholzplatten zu erzeugen. (3)

Dies konnte nur unter Verwendung eines völlig oder nahezu wasserfreien Leims erreicht werden.

Solche Leime sind seit Ende des Krieges bekannt geworden.*) Es sind dies im wesentlichen auf Kunstharz- oder Kunstharnbasis hergestellte Erzeugnisse.

„Bereits das amerikanische Patent 1 299 747 (1919) von I. R. McClain schützt der Westinghouse Electric and Manufacturing Co. einen Bakelite-Leim-Film. Bedeutendes Interesse besitzt jedoch der Tego-Film der T. H. Goldschmidt A.G., Essen, der .... für die Sperrholzverleimung .... für Furnierzwecke .... verwendet wird." (5)

Mit diesem Tego-Film wurden die ersten Buchen-Sperrholzplatten mit bestem Erfolg hergestellt und wird auch heute mit ihm noch ein großer Teil der Buchen-Sperrholzfabrikation durchgeführt. (5, 7, 3, 4).

Sodann wurde auch der Kaurit-Leim, ein der I.G. Farben durch DRP 550 647 geschütztes Erzeugnis, ebenfalls mit Erfolg zur Sperrholzfabrikation verwendet. (5, 7, 3, 4). Dieser Leim hat darüber hinaus noch besondere Bedeutung für die Holzverarbeitung, weil er im Gegensatz zum Tego-Film auch „kalt" verarbeitet werden kann.

Die mit diesen Verfahren hergestellten Buchen-Sperrholzplatten werden völlig eben und erweisen sich auch bei Witterungswechsel (Feuchtigkeit) genügend standhaft gegen Verziehen und Wellen. –

Die Verwendung der mit Kunstharzleimen hergestellten Sperrhölzer soll nun auf Grund der praktischen Ergebnisse nur erfolgen, wenn ein Bindemittel hierbei verwendet wird, das dem ihrigen „artgleich" ist. Dieser Forderung entspricht, weil er auch „kalt" verarbeitbar ist, für die Praxis nur der Kaurit-Leim.

Diese Vorschrift erschien deshalb notwendig, weil sich, bei in der Praxis durchgeführten Werkstattversuchen, Fehlleimungen ergeben haben, sobald diese neuen Buchen-Sperrhölzer mit Kasein-Leim (der natürlich keine gewünschte Artgleichheit hat) verleimt wurden. Aus Gründen einer klaren Fabrikations-Übersicht hatte die Durchführung dieser Forderung zur Folge, daß fast im ganzen Holzflugzeugbau der Übergang vom Kasein- zum Kaurit-Leim vollzogen wurde. –

Wenn auch eingehende eigene Versuche, wie solche der DVL erwiesen haben, daß vorgenannte Bedenken größtenteils unberechtigt sind, so ist diese Umstellung doch zu begrüßen, weil der neue Kunstharzleim absolut wasser- und schimmelbeständig ist und dadurch zur Qualitätsverbesserung deutscher Holzverarbeitung beiträgt.

---

*) (5, 1, 4, 6, 7, 9, 11, 12, 13, 14, 23, 24, 25)

1. Bindefestigkeit des Kaurit-Leims.

Probekörper aus Kiefernholz:

Bindefestigkeit kg/cm²		im Zustande:	Tabelle 9
	trocken	naß	wieder trocken
a	70,0*	57,5*	61,7*
b	54,6*	49,1	54,9*
c	67,7	40,1	59,8*
d	65,8*	42,5*	61,4
e	81,7	43,1*	57,2
Mittelwert:	67,9	46,4	59,0

* im Holz ausgeschert, die tatsächliche Leimfestigkeit liegt daher höher.

Probekörper aus Buchenholz:

Bindefestigkeit kg/cm²		im Zustande:	Tabelle 10
	trocken	naß	wieder trocken
a	108,9	52,3	92,8
b	117,6	48,1	76,4
c	92,9	44,9	74,6
d	118,8	41,6	80,2
e	108,0	40,4	72,6
Mittelwert:	109,2	45,4	79,3

2. Abbindezeit des Kaurit-Leims.

Diese Untersuchung wurde wie bei den früher beschriebenen Untersuchungen, jedoch für 6 Stufen der Abbindedauer (Erstarrung), durchgeführt.

Tabelle 11

Prüfung Std. nach Verleimung	Bindefestigkeit kg/cm²		
	Tiefst	Höchst	Mittel
1	27	35	32
2	40	52	45
5	48	59	52
10	55	70	60
25	61	72	65
100	57	79	64

Graphische Darstellung zu 2.:

Kaurit-Leim

Leimfestigkeit abhängig von der Abbindezeit

(Gr. D. 13)

Verlauf
der ersten 25 Stunden

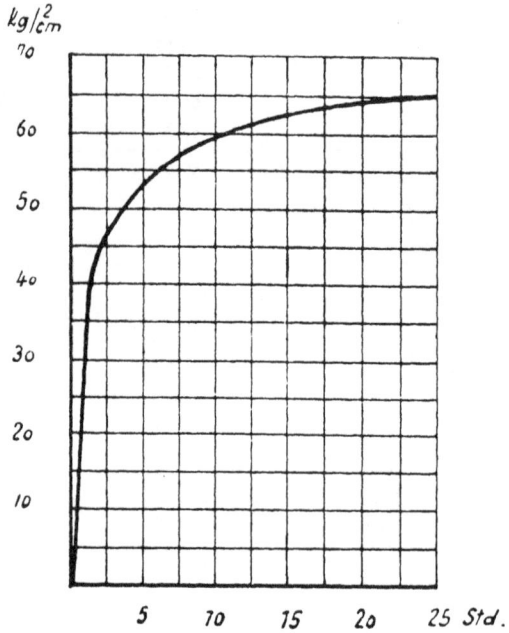

kg/cm^2

(Gr. D. 14)

Verlauf
bis 100 Stunden

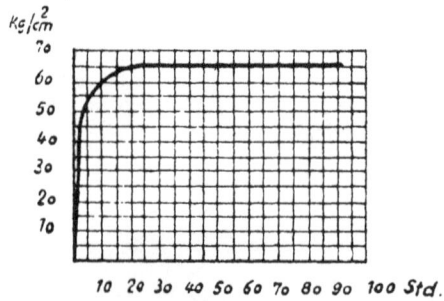

kg/cm^2

34

3. Volumenänderung des Kaurit-Leims.*)

Volumenänderung während der Erstarrung
in Prozenten (%)

Tabelle 12

Probe Nr. HK	Anzahl der Tage								
	1	2	3	4	5	6	11	12	14
138/1	10	17	21	26,3	27,7 *	–	29,7 **	–	–
138/2	11,2	16,5	20,4	24,2	27,4 *	–	30,6 **	–	–
138/3	11	18,7	20,4	24,8	26,8 *	–	29,3 **	–	–
Mittel:	10,7	17,4	20,6	25,1	27,3	–	29,9	–	–

4. Gewichtsänderung des Kaurit-Leims.*)

Gewichtsänderung während der Erstarrung
in Prozenten (%)

Tabelle 13

Probe Nr. HK	Anzahl der Tage								
	1	2	3	4	5	8	11	13	14	15
138/4	–	18	23,5	26 *	28	–	30	33	–	–
138/5	–	17,5	22,5	25 *	28,5	–	30,5	33	–	–
138/6	–	13,6	19	22 *	24	–	27	30,5	–	–
Mittel:	–	16,4	21,7	24,3	26,8	–	29,5	32,1	–	–

* Proben zeigen Längs- und Querrisse
** Proben zeigen viele Risse, einzelne Stücke sind abgesprungen und daher nicht mehr einwandfrei meßbar [siehe Abbildungen].

*) bestimmt an den „Stangen" und „Kuchen"

Graphische Darstellung zu 3.:

Kaurit-Leim

Volumenänderung abhängig von der Erstarrungsdauer

(Gr. D. 15)

Verlauf
der ersten 40 Stunden

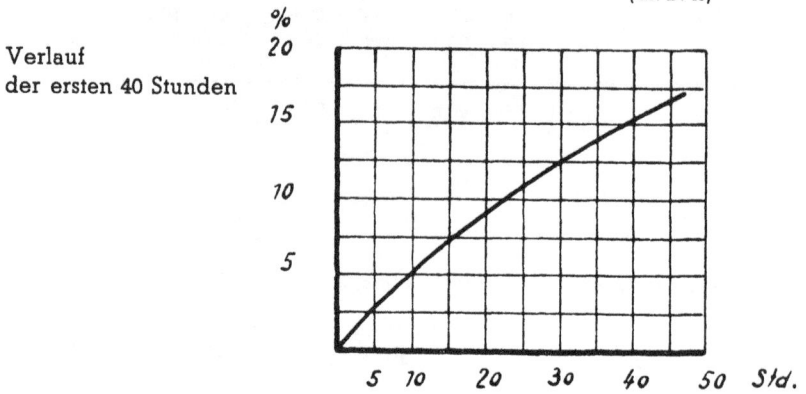

Verlauf bis 11 Tage

(Gr. D. 16)

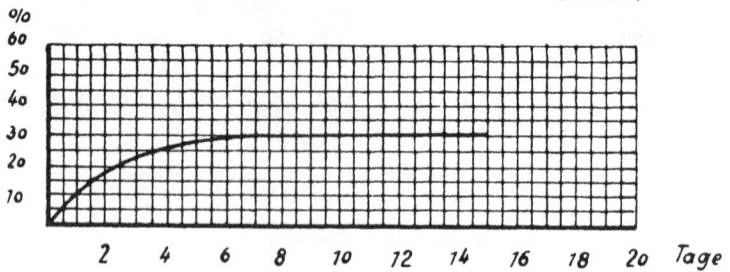

Graphische Darstellung zu 4.:

Kaurit-Leim
Gewichtsänderung abhängig von der Erstarrungsdauer

(Gr. D. 17)

Verlauf
der ersten 40 Stunden

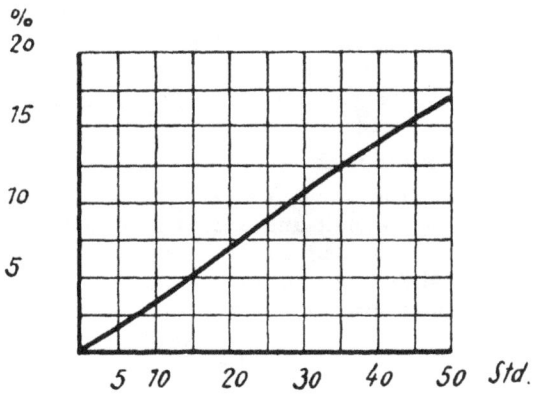

Verlauf bis 15 Tage   (Gr. D. 18)

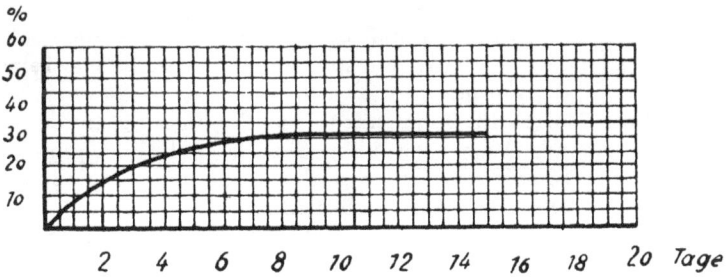

37

Die Zusammenziehung des Kaurit-Leims, seine Verformung während seiner Erstarrung, wie auch seine Gewichtsverminderung ist nach vorstehenden Versuchen sehr viel geringer (etwa die Hälfte) als beim Knochen- und auch beim Kasein-Leim! Auffallenderweise aber ist seine „Zusammenziehungs-(Erstarrungs-)Elastizität" ebenfalls sehr viel geringer: Es zeigen sich (siehe Abbildungen) bei Zusammenziehungen, die nur die Hälfte derjenigen des erstarrenden Knochen- und Kasein-Leims betragen, schon starke Rissebildungen in den Probekuchen, ja völliger Zerfall! (Tafel III.)*)
Auf diese Erscheinung und Eigenschaft des Kaurit-Leims wird an späterer Stelle weiter eingegangen werden. (Abschnitt II B.)

4. Betriebstechnische Beurteilung:

a) Die recht kurze Abbindezeit des Kaurit-Leims (24 Stunden) ist vorteilhaft und erlaubt eine nicht unerheblich raschere Verleimungsarbeit als bei Verwendung von Kasein-Leim. Dies besonders auch, weil schon nach 2−2,5 Stunden eine so hohe Leimbindefestigkeit erreicht ist (45−50 kg/cm²; Gr.D. 13), daß nach dieser kurzen Zeit das Werkstück weiterverarbeitet werden kann.

b) Das Auftragen des Kaurit-Leims ist, seiner honigartigen Beschaffenheit halber, nicht so einfach und erkenntlich wie beim Kasein-Leim. Auch bringt die Forderung, daß auf eine der zu verleimenden Flächen vorher der Härter aufzutragen ist und dann erst abtrocknen muß, eine Komplikation für die Fabrikation mit sich.

c) Die „Gebrauchsvorschrift" für Kaurit-Leim besagt ferner, daß er nur in sehr dünnen Lagen aufgebracht werden darf, wenn Fehlleimungen vermieden werden wollen. (11, 12, 13, 14).
Mit dieser entscheidenden Vorschrift hängt auch die Forderung ursächlich zusammen, daß der Zwingendruck völlig „satt" und gleichmäßig verteilt sein soll, so, daß sogenannte Leimnester vermieden werden.
Diese Vorschrift findet auch ihre Begründung in den vorangegangenen Versuchen über die starke Volumenveränderung des Kaurit-Leims im Zusammenhang mit seiner geringen Zusammenziehungs-(Erstarrungs-)Elastizität.

Diese für die Betriebspraxis scharfen Vorschriften, deren peinlichste Befolgung allein Gewähr gegen sonst unvermeidliche Fehlleimungen bietet, sind von außerordentlichem betriebstechnischem Nachteil: Sie verlangen eine Genauigkeit in der Holzbearbeitung, die für diese sehr

---

*) Siehe auch „Anschauungsversuche".

ungewöhnlich ist, und die nur durch fabrikationsverteuernde Maß-
nahmen und schärfste Kontrollen erreicht und sichergestellt werden
kann.

Für die Sperrholzfabrikation und Furnierverleimung, wo sowieso plane
Flächen verarbeitet werden, sind diese Vorschriften natürlich weniger
oder gar nicht erschwerend.

Die erörterten betriebstechnischen Nachteile des Kaurit-Leims, die
neben seinen außerordentlichen Vorzügen (Wasser- und Verschimme-
lungsbeständigkeit, kurze Abbindezeit) sehr beachtlich ins Gewicht
fallen, waren es, die den Verfasser zur Schaffung eines neuen Leims,
des K l e m m -Leims, führten. Dieser soll wohl die erörterten Vorteile
des Kaurit-Leims, nicht aber seine großen Nachteile besitzen, sondern
diese durch die beim Knochen- und Kasein-Leim vorhandenen Vorteile:
gute Streichfähigkeit und hohe Erstarrungs-Elastizität, also Füllungs-
eigenschaft, ersetzen.

Tafel III
Kaurit-Leim
Abb. 31-42

41—42

1. Tag

5. Tag

31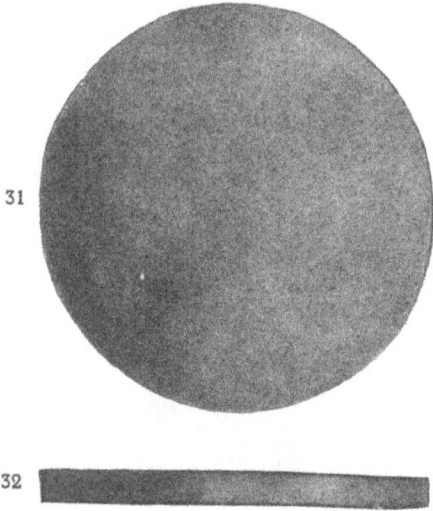

34 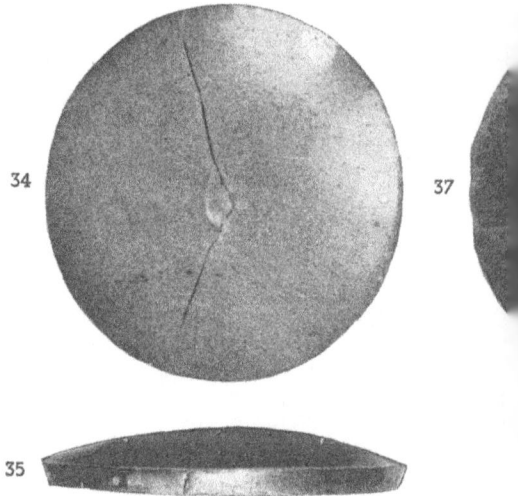 37

32

35

33

36

20. Tag

30. Tag

39

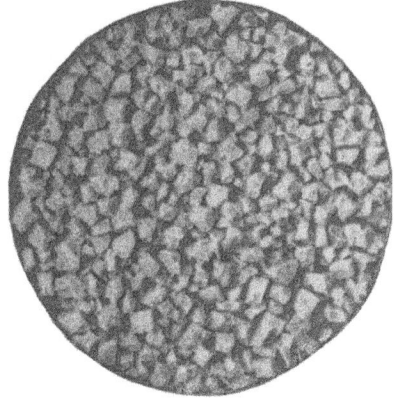

41

40

42

Zweiter Abschnitt:

Klemm-Leim

A. Grundsätzliche Untersuchungen

Schon in der Patentschrift (Kaurit) Nr. 550 647 (23) wird darauf hingewiesen, daß dem darin beschriebenen Leim „Zur Verbesserung der Streichfähigkeit und zur Erzielung der erforderlichen Konsistenz – Stärke, Kartoffelmehl, gemahlene Kartoffelflocken oder pulverförmige Füllstoffe verschiedenster Art zugesetzt werden" können. In der von der Herstellerin des Leims, I. G. Farben, ausgegebenen Gebrauchsanweisung wird auch Roggen- und Weizenmehl als Füllstoff erwähnt. So vermischt kann der Kaurit-Leim „zur Not auch zur Verbindung von nicht genau egalisierten Flächen" verwendet werden. (12)

Jedoch bringen diese Füllstoffe in technologischer Hinsicht nur die genannten verhältnismäßig geringen Vorteile (Streichfähigkeit usw.), dagegen beachtliche Nachteile mit sich. Sie haben natürlich eine wegen der Streichfähigkeit erwünschte „quellende" Wirkung, bewirken aber andererseits ein sehr starkes Absinken der Naßfestigkeit und der Widerstandsfähigkeit des Leims gegen Schimmelpilze und können schon im Hinblick auf die deutsche Ernährungsgrundlage nicht in Betracht kommen.

Demgegenüber besteht der Klemm-Leim, gemäß Patentanmeldung, aus einem auf Kunstharz- oder Kunstharngrundlage erzeugten, kalthärtbaren Leim (z. B. Kaurit-Leim), der mit einem „zu ihm artgemäß passenden" Magerungsmittel vermischt ist.

Diese Zusammensetzung des Klemm-Leims läßt von vornherein das Ergebnis nachfolgender Versuche erwarten, wonach der Klemm-Leim die bemerkenswerten Vorzüge des Kaurit-Leims (rasches Abbinden, absolute Wasser- und Schimmelfestigkeit, hohe Bindekraft) besitzen muß, ohne notwendig mit seinen vorerörterten Nachteilen belastet zu sein.

Die Zusammensetzung zeigt auch, daß der Klemm-Leim ganz aus praktisch unbeschränkt zur Verfügung stehenden und auch ohne Inanspruchnahme von für die menschliche Ernährung notwendigen deutschen Rohstoffen besteht.

Mittels einiger Vorversuche wurde diejenige „Abmagerung" (die der Kaurit-Leim zu erfahren hat) bestimmt, bei der voraussichtlich einerseits beste und andererseits in bezug auf die BVF genügende Leimfestigkeiten sich ergeben und der Leim noch eine betriebstechnisch angenehme Streichfähigkeit erhält.

Der erste Hauptversuch wurde mit den Magerungsverhältnissen (Gewichtsteile) 1 : 10 und 1 : 5 durchgeführt, wobei der e i n e (1) Teil den Magerungszusatz bedeutet.

Bei weiterer „Abmagerung" kommt man in das Gebiet des „Klemm-Spachtels", bzw. „Klemm-Stoffs", über welche beiden Stoffe, worauf eingangs hingewiesen wurde, an anderer Stelle berichtet werden soll.

1. Bindefestigkeit des Klemm-Leims.

Das Magerungsverhältnis der Klemm-Leimmischung bei nachbeschriebenem Versuch war 1 : 10 und 1 : 5:

1 Teil Magerung
10 bzw. 5 Teile Leim: Kaurit-Leim.

Die Versuche erstrecken sich auf 3 Feinheitsgrade der Körnung des Magerungsmittels:

Körnung   I, fein   Müllereigewebe Nr. 160,
Körnung II, mittel Müllereigewebe Nr. 80,
Körnung III, grob Müllereigewebe Nr. 50.

Ergebnis mit deutscher **Kiefer**:   Tabelle 14

Bindemittel	Magerung	Körnung	Bindefestigkeit kg/cm²					
			trocken		naß		wieder trocken	
Klemm-Leim	1:5	I	56,8*		43,3*		52,1*	
			56,9*		52,8*		48,6*	
			62,6*	59,2	38,2	42,4	59,7	54,2
			60,4		36,8*		56,2	
			59,2		40,8		54,6	
	1:5	II	65,0*		46,4*		62,9	
			68,5*		30,9		69,8*	
			62,8*	65,6	46,7*	46,4	65,2*	60,3
			71,9		51,8*		53,1	
			60,3		56,4		50,6	

* im Holz ausgeschert, die tatsächliche Leimfestigkeit liegt daher höher.

Bindemittel	Magerung	Körnung	Bindefestigkeit kg/cm²					
			trocken		naß		wieder trocken	
Klemm-Leim	1:5	III	58,6*		61,7*		52,1	
			57,5*		47,5*		49,8*	
			58,3*	57,9	46,7	43,7	51,2	55,4
			55,1		30,6		64,2	
			60,2		32,1		60,0*	
	1:10	I	55,6		42,5*		52,6*	
			52,8*		35,0*		60,1*	
			60,8	57,2	50,8	44,9	62,8*	59,1
			61,9*		56,1		54,9	
			55,3		40,2*		65,2	
	1:10	II	59,4*		55,8		66,9*	
			70,8*		28,6*		56,4*	
			67,9*	71,5	77,8	52,4	65,6	61,6
			91,6*		58,5*		59,6*	
			67,8*		41,4		59,9	
	1:10	III	59,8*		51,0*		62,1	
			59,7*		32,9*		56,7	
			54,9*	58,9	38,8	42,9	53,3*	58,6
			61,8*		41,6*		62,1	
			58,5		50,2		59,0	
Kaurit-Leim (Mittel):			68		46		59	

Ergebnis mit **Buche**: Tabelle 15

Bindemittel	Magerung	Körnung	Bindefestigkeit kg/cm²					
			trocken		naß		wieder trocken	
Klemm-Leim	1:5	I	78,4*		31,2		53,7	
			65,2*		40,0		61,2	
			60,9*	69,1	36,2	33,5	49,6*	55,2
			80,2		28,5		55,2	
			61,0		31,6		56,7	

* im Holz ausgeschert, die tatsächliche Leimfestigkeit liegt daher höher.

Bindemittel	Magerung	Körnung	Bindefestigkeit kg/cm²					
			trocken		naß		wieder trocken	
Klemm-Leim	1:5	II	86,9 87,5* 97,6 99,4 89,2*	92,1	32,6 39,4 37,6 32,9* 30,4	34,5	62,9* 70,2 78,2 69,8* 70,0	70,2
	1:5	III	81,6* 98,3 91,4 83,2 80,3*	86,9	40,9 48,3 47,2 38,4* 40,5	43,0	83,3 77,2 51,4 63,8* 64,8	68,1
	1:10	I	77,8 75,4* 90,8 79,8 62,6	77,2	46,8 31,4 39,8 40,0 32,8*	38,1	56,8 65,2* 69,3 68,4 59,8	63,9
	1:10	II	128,4 116,4 98,4 112,6 119,4	115,0	62,6* 68,6 39,2* 49,1 52,3	54,3	81,2* 93,4 99,6 81,4* 80,2	87,1
	1:10	III	88,3 84,6 92,5 90,0 94,2*	89,9	46,7 45,3 35,1 42,6 47,2	43,3	63,7* 72,8* 69,8 65,9 70,0	68,4
Kaurit-Leim (Mittel):			109,2		45,4		79,3	

* im Holz ausgeschert, die tatsächliche Leimfestigkeit liegt daher höher.

Diese Versuchsergebnisse besagen:

a) Die Bindefestigkeit des Klemm-Leims liegt in allen Zuständen höher als der Sollwert, in Prozenten des letzteren ist sie:

			trocken	naß	wieder trocken
BVF-Soll			100 %	100 %	100 %
Kiefer	{	1 : 5	106 – 120 %	210 – 230 %	108 – 120 %
	{	1 : 10	104 – 130 %	215 – 260 %	118 – 124 %
Buche	{	1 : 5	125 – 168 %	165 – 215 %	110 – 140 %
	{	1 : 10	140 – 210 %	190 – 270 %	128 – 175 %

b) Klemm-Verleimung hat gegenüber dem BVF-Sollwert „Trocken" eine prozentuale Festigkeit von:

			trocken	naß	wieder trocken
Kiefer	{	1 : 5	106 – 120 %	77 – 84 %	98 – 110 %
	{	1 : 10	104 – 130 %	78 – 95 %	108 – 112 %
Buche	{	1 : 5	125 – 168 %	60 – 78 %	100 – 128 %
	{	1 : 10	140 – 210 %	68 – 98 %	116 – 158 %

c) Klemm-Verleimung hat gegenüber Kaurit-Verleimung (in Klammern) folgende Mittelwerte:

			Bindefestigkeit in kg/cm^2		
			trocken	naß	wieder trocken
Kiefer	{	1 : 5	58 – 66	42 – 46	54 – 60
		1 : 10	57 – 71	43 – 52	59 – 62
			(68)	(46)	(59)
Buche	{	1 : 10	77 – 115	38 – 54	64 – 87
		1 : 5	69 – 92	33 – 43	55 – 70
			(109)	(45)	(79)

Demnach liegt also die Festigkeit der Klemm-Verleimung in allen Fällen und Zuständen, selbst bei Magerung 1 : 5, weit über den „Soll-Werten".

Gegenüber Kaurit-Verleimung liegen die Höchst-Mittel-Werte der 1 : 10-Magerung höher, die der Magerung 1 : 5 wenige Prozente niedriger. Selbst die „Wieder-trocken-Leimung" der Klemm-Verleimung liegt noch höher als die „Soll-Trockenzahl" (bis zu 58 %). Die „Klemm-Verleimung" vermag demnach auch nach dem „Naßzustand" (24 Stunden unter Wasser gelegen) immer noch die sogenannte „sichere Last" (gemäß BVF) aufzunehmen, d. h. ein „klemm-verleimtes" Flugzeug ist selbst nach längerem Untertauchen im Wasser, unter gewisser Vorsicht auch in wieder trockenem Zustand leimfestigkeitsgemäß noch flugfähig.

2. Abbindezeit.

Die Untersuchung erfolgte analog der früheren, für die anderen Leime angestellten, für 6 Stufen Abbindedauer (Erstarrungszeit).
Das Ergebnis dieser Untersuchung ist:

Tabelle 16

Prüfung	Bindefestigkeit kg/cm²		
Std. nach Verleimung	Tiefst	Höchst	Mittel
1	25	38	30
2	41	52	46
5	51	59	54
10	60	67	63
25	60	79	70
100	64	83	72

48

Graphische Darstellung zu 2.:

Leimfestigkeit abhängig von der Abbindezeit

(Gr. D 19)

Verlauf der
ersten 25 Stunden

kg/cm^2

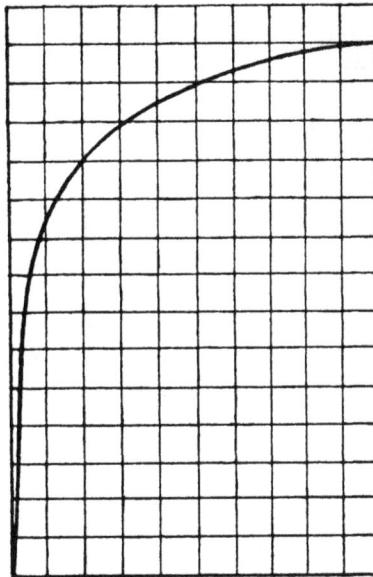

(Gr. D. 20)

Verlauf bis 100 Stunden kg/cm^2

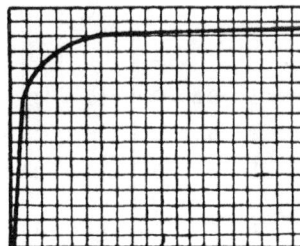

3. Volumenänderung des Klemm-Leims.

Tabelle 17

| | | \multicolumn{10}{c}{Volumenänderung während der Erstarrung in Prozenten (%)} |
| Mag. | Körng. | \multicolumn{10}{c}{Anzahl der Tage} |
		1	2	6	7	8	9	13	14	16	18
1:10	I	3,5	7,1	18,2	21,3	24	25,8	29,8	30	–	30
1:10	II	3	7	20,4	22,2	23,4	26,2	28,2	29	–	29
1:10	III	3	8,2	19,3	20	22,3	24,3	28,5	28,5	–	29,1
1:5	I	2,5	7	17,1	20	22,1	23,2	25	25	–	25
1:5	II	3	6,9	18,2	19,3	20,2	22	24,8	25	–	25
1:5	III	3,5	7,1	17,3	19	20,4	22,2	24,5	24,8	–	24,8

4. Gewichtsänderung des Klemm-Leims.

Tabelle 18

| | | \multicolumn{10}{c}{Gewichtsänderung während der Erstarrung in Prozenten (%)} |
| Mag. | Körng. | \multicolumn{10}{c}{Anzahl der Tage} |
		1	2	6	7	8	9	13	14	16	18
1:10	I	5,5	9	14	17	20	24	27	27,5	27,5	27,5
1:10	II	5	8	13	15,5	20,9	23	27	27,5	27,5	27,5
1:10	III	6	8	12,8	14,8	20,2	24,5	28	28,1	28,1	28,1
1:5	I	5	8,2	13,2	15	17,5	20	24,5	25	25	25
1:5	II	5	6	11,2	12,3	16	17,9	24	25,2	25,3	25,3
1:5	III	5,2	8	12	14	15	18	23,8	25,4	25,5	25,3

Graphische Darstellung zu 3.:

Volumenänderung abhängig von der Erstarrungsdauer

(Gr. D. 21)

Verlauf der
ersten 40 Stunden

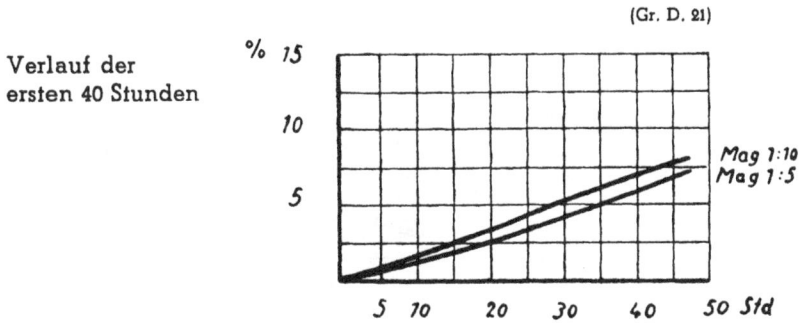

Verlauf bis 18 Tage   (Gr. D. 22)

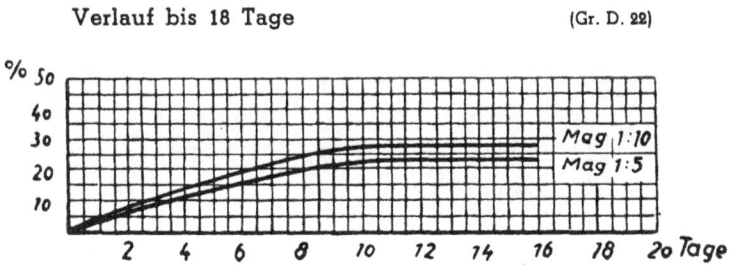

Graphische Darstellung zu 4.:

Gewichtsänderung abhängig von der Erstarrungsdauer

(Gr. D. 23)

Verlauf der
ersten 40 Stunden

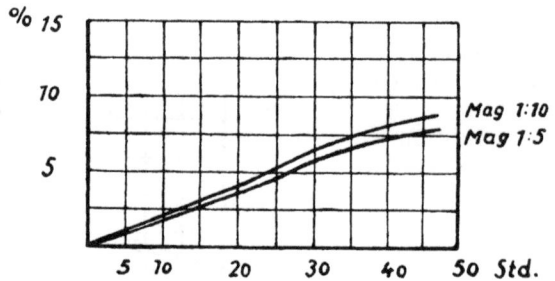

Verlauf bis 18 Tage (Gr. D. 24)

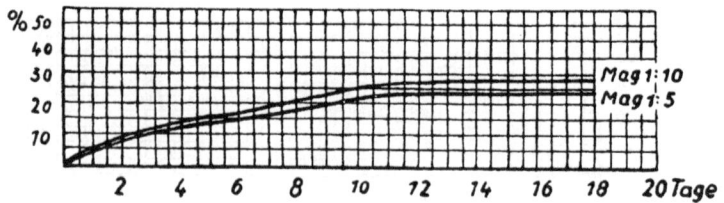

Diese Versuche zeigen (was zu erwarten war), daß der Klemm-Leim sich hinsichtlich seiner Abbindedauer gleich und hinsichtlich der Größe seiner Volumen- und Gewichtsveränderung f a s t g l e i c h (etwas günstiger) wie Kaurit-Leim verhält.

Dies ist erklärlich, da ja der Klemm-Leim zu 90 % (1 : 10), bzw. 80 % (1 : 5) aus Kaurit-Leim besteht.

Jedoch zeigt der Klemm-Leim in seiner Z u s a m m e n z i e h u n g s - (Erstarrungs-) E l a s t i z i t ä t ein wesentlich anderes, grundsätzlich günstigeres Verhalten als der Kaurit-Leim:

Wie die beigefügten Abbildungen (Tafel IV, V, VI) zeigen, erfolgt die Zusammenziehung des Klemm-Leims 1 : 10 bis zu 10 Tagen Härtung ohne Rissebildung. Nach 20- bzw. 30-tägiger Härtung treten ähnlich wie beim Kasein-Leim einige Risse auf. Bei Klemm-Leim 1 : 5 und 1 : 2,5 (Klemm-Spachtel) erfolgt die Zusammenziehung bis zur völligen Erstarrung ohne jegliche Rissebildung.

Daß diese Untersuchung an verhältnismäßig dicken Kuchen durchgeführt und veranschaulicht wird, erhöht ihren Wert, denn damit ist, qualitativ, der Nachweis erbracht, daß „Klemm-Leim" ohne Schaden für seine Festigkeit in verhältnismäßig dicken Lagen aufgetragen werden darf, also ohne entsprechenden Schaden Leimnester auszufüllen vermag.*)

Betriebstechnische Beurteilung.

   a) In seiner (kurzen) Abbindezeit unterscheidet sich der Klemm-Leim nicht vom Kaurit-Leim, besitzt also dessen Vorteile.

   b) Das Auftragen des Klemm-Leims ist werkmäßig einfacher als das des Kaurit-Leims. Er ist strichsatter, weil seine Konsistenz mehr der des (diesbezüglich werkmäßig angenehmen) Kasein-Leims entspricht. Auch ist der Klemm-Leim-Auftrag wegen seiner dunklen Färbung gut erkennbar.

   c) Hinsichtlich der erforderlichen Sorgfalt für Reinlichkeit (siehe Kaurit-Leim) soll vorerst kein Vorzug des Klemm-Leims hervorgehoben werden.

---

*) Siehe auch „Anschauungsversuche" Seite 137 ff.

d) Vorbeschriebene Versuche über die Erstarrungs- und Formver-
änderungs-Elastizität geben die Erklärung, daß der Klemm-Leim,
ohne Schaden für seine Abbinde-Festigkeit, auch in dickeren
Lagen aufgebracht werden darf (Leimnester). Weitere Versuche
hierüber folgen in den Abschnitten B und C.

Demzufolge kann bei seiner Verwendung die bei Kaurit-Leim
unabdinglich notwendige genaue Holz-Paßarbeit und die uner-
träglich große Sorgfalt in Art und Verteilung des Zwingendrucks
wegfallen.

Die Untersuchungen ergaben demnach zusammenfassend:

1. daß der Klemm-Leim die Vorzüge des Kaurit-Leims besitzt, ohne
aber die betriebstechnisch so überaus störenden Nachteile des
Kaurit-Leims beizubehalten, sondern im Gegenteil, sie völlig zu
beseitigen,

2. daß er dagegen die betriebstechnischen Vorteile früherer Leimverfahren (Knochenleim, Kasein-Leim), die der Kaurit-Leim nicht
besitzt, mit absoluter Wasser- und Schimmelbeständigkeit und
kurzer Abbindezeit, also den Vorteilen des Kaurit-Leims, ver-
bindet.

Tafel IV
Klemm-Leim 1:10
Abb. 43-57

1. Tag

5. Tag

43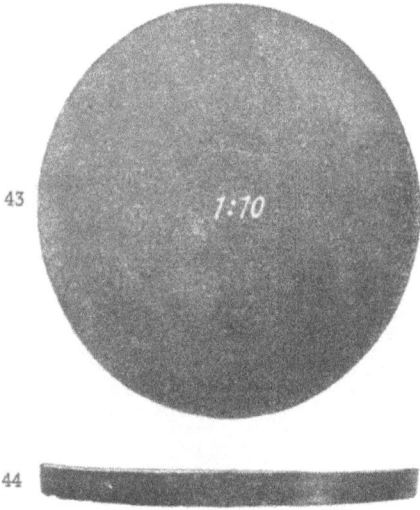

46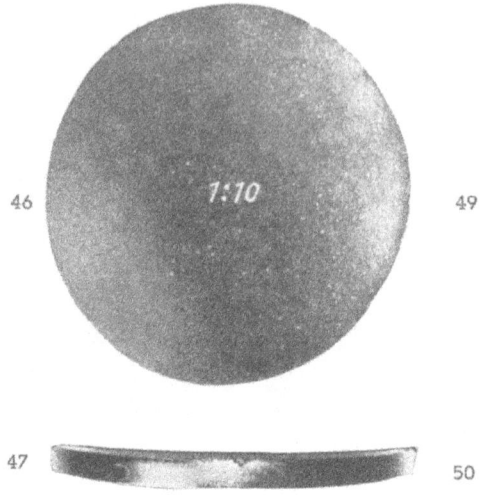

49

44

47

50

45

48

20. Tag

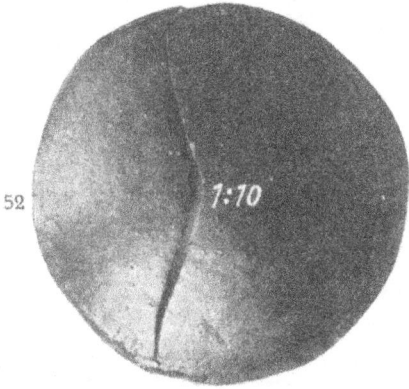

52

30. Tag

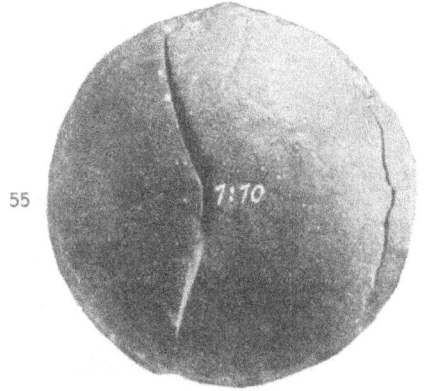

55

53

56

54

57

Tafel V

Klemm-Leim 1:5

Abb. 58-72

1. Tag

5. Tag

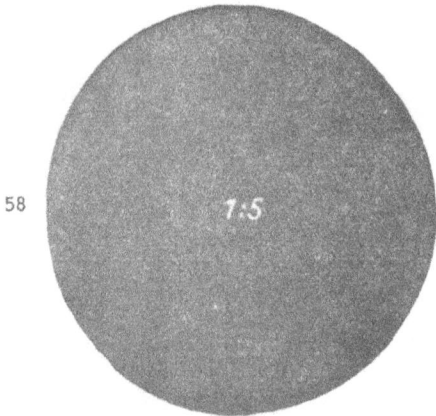

58

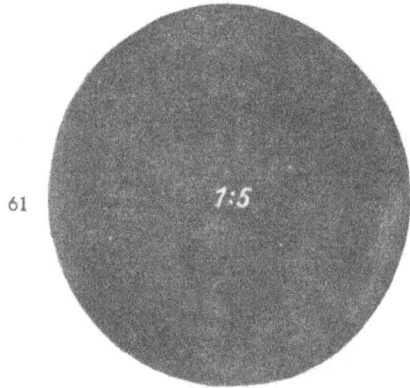

61

64

59

62

65

60

63

20. Tag

30. Tag

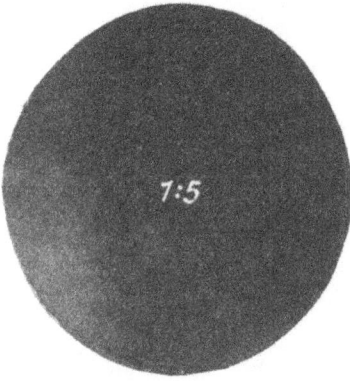

67

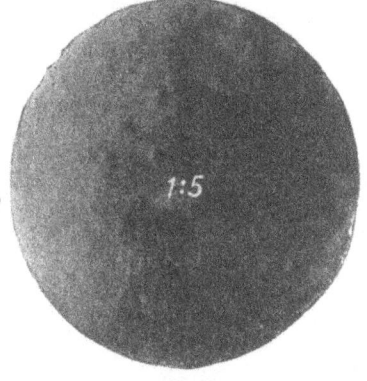

70

68

71

69

72

Klemm-Leim (Spachtel) 1:2,5
Abb. 73-87

1. Tag

5. Tag

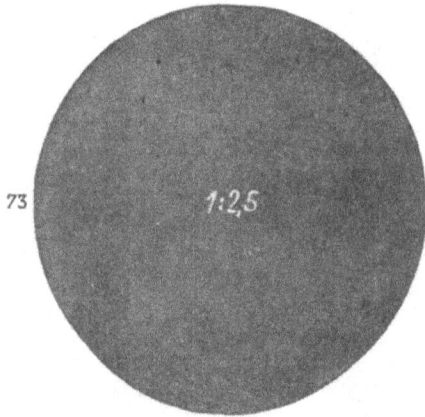

73

1:2,5

76

1:2,5

79

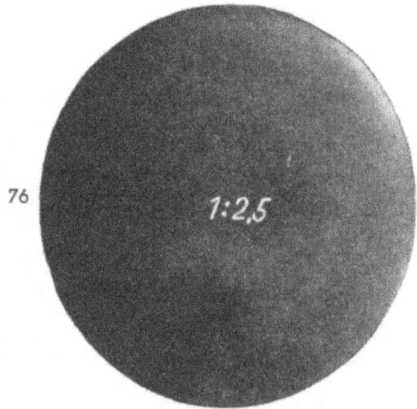

74

77

80

1:2,5

75

1:2,5

78

20. Tag

30. Tag

82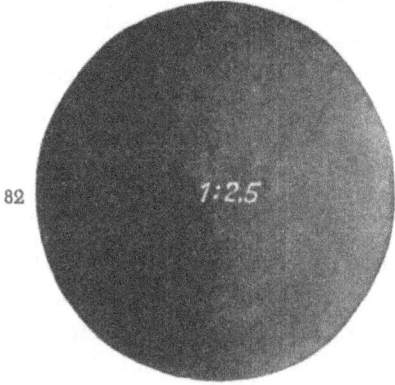

1:2,5

85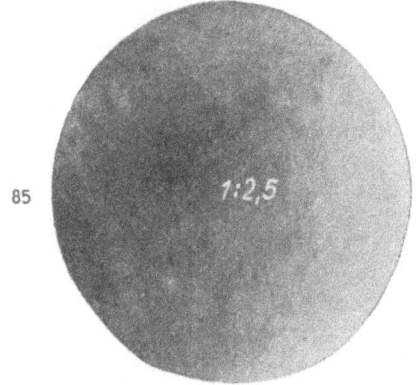

1:2,5

83

86

1:2,5

84

1:2,5

87

59

B. Besondere Technologie des Klemm-Leims

Zur Ergänzung des im Vorhergehenden geführten, an sich schon schlüssigen Nachweises der Vorzüge des Klemm-Leims erscheint die Klärung weiterer technologischer Punkte erwünscht.

1. **Verleimungsfestigkeit**

   a) in „dickeren" Leimschichten (auch in „Leimnestern"),

   b) bei verschieden starkem „Zwingendruck".

   Diese Untersuchungen sollen die betriebstechnisch so wichtigen, den Klemm-Leim charakterisierenden guten Eigenschaften beweiskräftig erklären.

2. Verleimungsfestigkeit bei verschiedenem **„Magerungsverhältnis"** (M.V.) des Klemm-Leims

   a) maximale Verleimungsfestigkeit,

   b) optimale Verleimungsfestigkeit: M.V., bei dem gerade noch keine Erstarrungs-Risse auftreten,

   c) „Soll"-Verleimungsfestigkeit bei größtmöglichem M.V.,

   d) M.V. für gerade noch genügend satte Streichfähigkeit des Klemm-Leims.

3. **Scher-, Zug- und Druckfestigkeit** der erhärteten Klemm-Leim-Masse.

   Diese Werte sind wichtig, da sie bei „dickeren" Leimschichten, insbesondere „Leimnestern", entscheidende Bedeutung haben.

4. Die erforderliche **Schäftungslänge** bei Klemm-Verleimung, unter Beachtung deren hoher Bindefestigkeit.

5. Einfluß der **„Verschmutzung"** des Klemm-Leims oder der zu verleimenden Flächen auf die Verleimungsfestigkeit.

6. **Zeitdauer** der **„Verarbeitungsfähigkeit"** des angemachten Klemm-Leims (ohne Härterzusatz).

Sein Magerungszusatz (gehärtetes Kunstharz) könnte möglicherweise noch nicht voll auspolymerisierte Reste enthalten, welche zum Kaurit-Leim „Härtungs-Wirkung" haben.

7. **Hitzebeständigkeit des Klemm Leims.**

Im Karosserie- und Waggonbau, für welche Gebiete der Klemm-Leim wegen der bei ihnen vorkommenden unebenen Holzbearbeitung besonders in Betracht kommt, werden die verleimten Gestelle wegen ihrer zu lackierenden Blechbehäutung mehrere Stunden in bis zu rund 130° beheizte Trocknungs-Boxen gestellt. Es soll daher die Beständigkeit des Klemm-Leims bei einer Temperatur von 150° C geprüft werden.

8. **Pulverförmiger Kaurit- und Klemm-Leim.**

Kurz vor Drucklegung dieser Ausgabe wurden die Versuche abgeschlossen, die mit Rücksicht auf den vor kurzer Zeit von I.G.-Farben auf den Markt gebrachten pulverförmigen, d. h. im nicht (mit Wasser) angemachten Zustand – im Gegensatz zum flüssigen Kaurit-Leim – unbeschränkt haltbaren Kaurit-Leim angestellt wurden.

9. Ergebnisse der **Praxis.**

Es erschien zweckmäßig, ja notwendig, über die hierin behandelten Fragen, die so entscheidend die P r a x i s berühren, neben dem Ergebnis von „Laboratoriumsversuchen" auch die in der „Praxis" auftretenden Erscheinungen zu betrachten.

Es wurde daher

a) unter Zuziehung amtlicher Zeugen ein normaler W e r k s t a t t - v e r s u c h angestellt,

b) anläßlich der Reparatur eines ca. 6 Monate vorher fertiggestellten (ausländischen) Flugzeugs der Zustand der (offenbar Kaurit-) Verleimung untersucht.

Ergebnisse:

Zu 1) Diese Untersuchungen sind im Abschnitt II B im Vergleich zu den entsprechenden Eigenschaften des Kaurit-Leims durchgeführt.

Zu 2) **Festigkeit von Klemm-Leim bei verschiedener Magerung.**
Dem Versuch wurden Leime mit den Magerungen: 1 : 12, 1 : 10, 1 : 8, 1 : 5, 1 : 3, 1 : 2 unterzogen. Je 5 Proben üblicher Art und üblicher Vorbehandlung wurden geprüft. Statt in der bisherigen verschiedenen „Körnung" wurde das Magerungsmittel so verwendet, wie es aus der Mühle kommt. Das zu den Versuchen verwendete Kiefernholz hatte die Eigenschaften:

Druckfestigkeit: 459 kg/cm²
Zugfestigkeit: 888 kg/cm²   Spez. Gew.:   0,46
Biegefestigkeit: 786 kg/cm²   Feucht: ca. 12 %

Versuchsergebnis: Tabelle 19

Magerung	Bindefestigkeit kg/cm² im Zustande:					
	trocken		naß		wieder trocken	
1:12	61,3		53,2*		71,2*	
	59,1		47,2		66,5*	
	76,9*	65,8	50,4*	52,1	55,3*	64,1
	71,9		53,8		61,7*	
	60,0		56,1		66,0*	
1:10	67,7*		68,3*		54,9*	
	69,2*	67,3	46,8*	53,6	69,2	64,3
	69,2*		60,0		68,3*	
	75,3*		47,6		70,0	
	55,9*		45,6*		59,2	
1:8	63,8		33,4		54,3	
	57,1*		30,6		71,5*	
	62,8*	62,8	42,4	36,7	66,5*	62,0
	68,4*		40,2		60,8	
	62,0*		37,2		57,2	

Magerung	Bindefestigkeit kg/cm² im Zustande:					
	trocken		naß		wieder trocken	
1:5	57,7*		58,5		55,4	
	75,8		29,7		65,3	
	54,3*	63,9	31,1	39,7	59,5	56,0
	55,4*		41,2*		46,2	
	76,3*		38,4		53,8	
1:3	69,0*		52,6		53,0	
	46,5*		49,2*		58,8*	
	53,3	59,4	54,8*	47,3	57,0*	54,4
	67,8		33,6		50,3	
	60,4		46,3*		53,0	
1:2	55,3		35,4		54,3*	
	55,3*		35,4		42,0	
	56,5*	57,3	39,0*	36,3	41,0	47,9
	69,6*		28,2		45,7*	
	49,6*		43,8*		56,3*	

* im Holz ausgeschert, die tatsächliche Leimfestigkeit liegt daher höher.

Es ergibt sich aus diesen Versuchen, daß 1 : 1 0 das hinsichtlich der Verleimungsfestigkeit b e s t e M a g e r u n g s v e r h ä l t - n i s ist. Andererseits sinkt bei einem Magerungsverhältnis stärker als 1 : 3 die Wiedertrocken-Verleimungsfestigkeit unter die BVF-Sollwerte (50 kg/cm²). Wegen noch guter, satter Streichfähigkeit und wegen der völligen Gefügebeständigkeit dieses Leimgemisches, auch in dickeren Schichten und bei Alterung beim Abbinden (siehe Tafel XVI – XXVII), ist für die F l u g z e u g b a u - P r a x i s ein Magerungsverhältnis von 1:5 d a s R i c h t i g e.

Zu 3) Für die **Bestimmung der Zug-, Druck- und Scherfestigkeit,** sowie des spezifischen Gewichtes wurden Probekörper aus Klemm-Leim in der Magerung (Mg) 1 : 10 und 1 : 5 nach nebenstehender Skizze ausgeführt und in üblicher Weise behandelt.

Tabelle 20

Mg.	Festigkeit in kg/cm²				
	Druck-		Zug-	Scher-	Sp. G.
1:5	737		126	239	
	892	830	204	315	
	796		236 189	326 298	1,24
	897		190	338	
1:10	1010		188	239	
	1106	1068	162	315	
	1100		206 190	326 303	1,27
	1058		204	333	
Kaurit	760		142	—	1,32

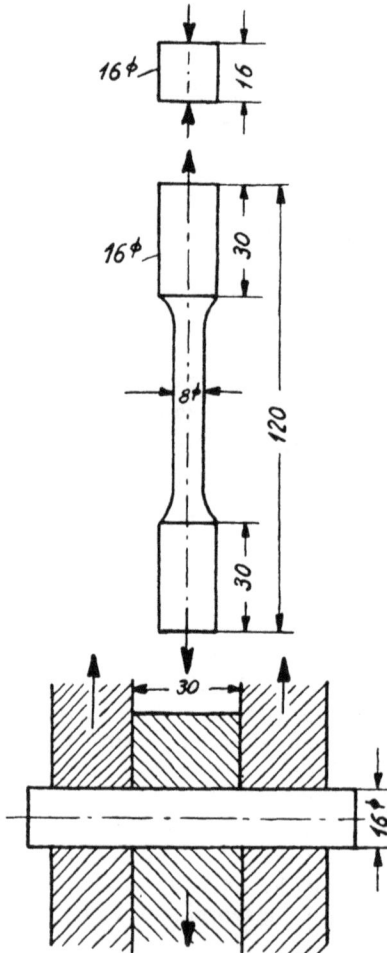

Dieses Versuchsergebnis bekräftigt die früheren Versuchsergebnisse, wonach Klemm-Leim a u c h zur Ausfüllung von „Leimnestern" ohne Schaden verwendet werden kann; denn seine Scherfestigkeit übersteigt seine Bindefestigkeit, wie auch die Holzschubfestigkeit, bei weitem.

Auch ist seine Druckfestigkeit doppelt so hoch als die Holzdruckfestigkeit.

Seine verhältnismäßig geringe Zugfestigkeit muß konstruktiv beachtet werden.

65

Zu 4) Bestimmung der **Mindest-Schäftungslänge.**

Gemäß untenstehender Skizze wurden je fünf Probekörper mit Klemm-Leim (1 : 10 Mg) und vergleichsweise je drei Körper mit Kaurit- und Kasein-Leim in der üblichen Weise verleimt für die elf Schäftungsstufen:

stumpf, 1 : 1, 1 : 2, 1 : 3, 1 : 4, 1 : 5,
1 : 6, 1 : 7, 1 : 8, 1 : 9, 1 : 10.

Nach Verleimung und Pressung wurden die Proben sechs Tage im lufttrockenen Raum gelagert.

Das für die Probekörper verwendete Kiefernholz hatte folgende Werte:

Druckfestigkeit: 478 kg/cm²
Zugfestigkeit: 875 kg/cm²   Spez. G.   0,53
Biegefestigkeit: 795 kg/cm²   Feucht.   ca. 12 %

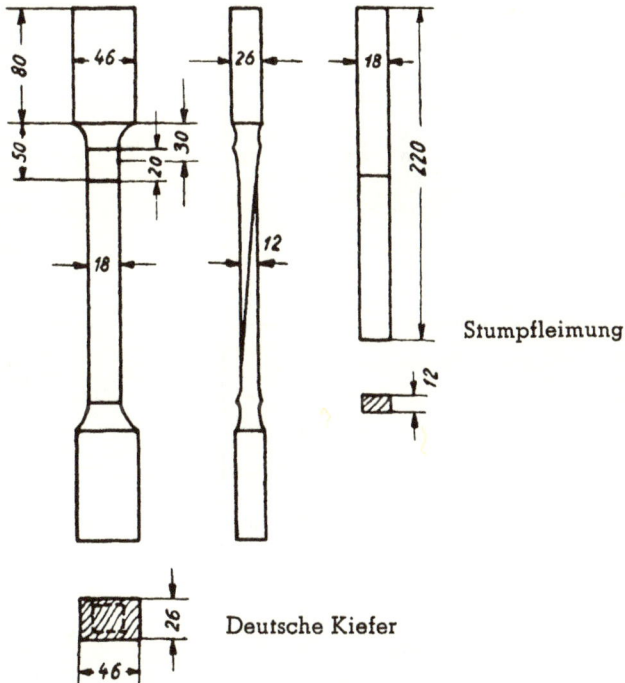

Stumpfleimung

Deutsche Kiefer

Versuchsergebnis: Tabelle 21

Schftg.	Leim-fläche cm²	Leim	Bruchlast kg Einzel	Bruchlast kg Mittel	Binde-festigkeit kg/cm² Einzel	Binde-festigkeit kg/cm² Mittel	Schftg.	Leim-fläche cm²	Leim	Bruchlast kg Einzel	Bruchlast kg Mittel	Binde-festigkeit kg/cm² Einzel	Binde-festigkeit kg/cm² Mittel
stumpf	2,16	Klemm	235 260 226 248 236	241	108,5 120 104,5 115 107,5	112	1:1	3	Klemm	470 470 350 350 420	412	156 156 116 116 140	137,5
		Kaurit	307 302 210	273	142 140 97	126			Kaurit	450 360 295	368	150 120 98	122,5
		Kasein	137 149 178	154	63 69 82	71			Kasein	400 285 302	329	133,5 95 101	109,5
1:2	4,5	Klemm	820 580 500* 500 530	586	182 129 111 111 118	130	1:3	6,5	Klemm	870* 672 800* 840* 935*	823	134 103,5 123 129 144	126,5
		Kaurit	350 450 470	423	78 100 104	94			Kaurit	660* 815* 614*	696	101 123 95,5	107
		Kasein	400 450 420	423	89 100 93	94			Kasein	590* 460 600*	550	91 71 92	84,5
1:4	9,0	Klemm	820 890* 940* 980* 815*	889	91 99 104 109 90,5	99	1:5	10,0	Klemm	980* 1040* 870* 1000* 1100*	998	91 96 80,5 93 102	92
		Kaurit	910* 1020* 800*	910	101 113 89	101			Kaurit	980* 1010* 1180*	1056	91 94 109	97,5
		Kasein	840 865* 760	821	93 96 84	91			Kasein	900* 860 895*	885	83 80 83	82

Schftg.	Leim-fläche cm²	Leim	Bruchlast kg Einzel	Mittel	Binde-festigkeit kg/cm² Einzel	Mittel
1:6	13	Klemm	1180* 1020* 1210* 1080* 1140*	1126	91 78,5 93 83 88	87
		Kaurit	1300* 1480* 895*	1225	100 114 69	94,5
		Kasein	860 982* 1110	984	66 75,5 85,5	76
1:8	17	Klemm	1510* 1680* 1490* 1400* 1490*	1514	89 99 88 82 88	89
		Kaurit	1450* 1400* 1480*	1443	85 82 87	85
		Kasein	1500* 1410* 1340*	1416	88 83 79	83
1:10	21	Klemm	1895 H 1780* 2040 H 2020 H 2100 H	1967	90 85 97 96 100	94
		Kaurit	1890* 1995 H 1840 H	1908	90 95 100	91
		Kasein	1910 H 1740* 1620*	1756	91 83 77	83,5

Schftg.	Leim-fläche cm²	Leim	Bruchlast kg Einzel	Mittel	Binde-festigkeit kg/cm² Einzel	Mittel
1:7	15	Klemm	1150* 1290* 1120* 1340* 1110*	1202	76,5 86 74,5 88 74	80
		Kaurit	1150* 1150* 1290*	1196	76,5 76,5 86	79,5
		Kasein	1300* 1040* 1060*	1133	86,5 69 70,5	75,5
1:9	19,5	Klemm	1840 H 1640* 1740* 1710* 1680*	1722	94 84 89 88 81	88,5
		Kaurit	1810 H 1560* 1595*	1655	93 80 82	85
		Kasein	1710* 1540* 1490*	1580	88 79 76	81

* Im Holz ausgeschert, die tatsächliche Leimfestigkeit liegt daher höher.

H Holzbruch (Zugbruch)

Graphische Darstellung des Versuchsergebnisses: Schäftungslänge.

——————— Klemm-Leim   — — — Kaurit-Leim   — · — · — Kasein-Leim

Bruchlast   (Gr. D. 25)

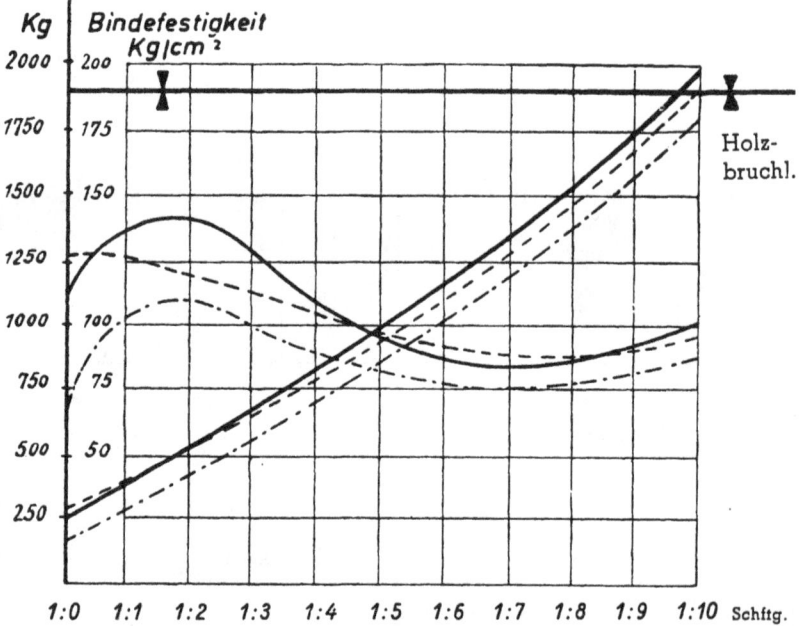

1:0   1:1   1:2   1:3   1:4   1:5   1:6   1:7   1:8   1:9   1:10 Schftg.

Bemerkung: von 1:3 ab nicht mehr Leim-, sondern Holzbrüche, daher der „sinusförmige" Verlauf der Kurven.

Der Querschnitt der Probekörper war 2,16 cm². Bei einer mittleren Holzzugfestigkeit von 875 kg/cm² entspricht dies einer Bruch-(Zug-)Last von 1890 kg.

Diese Bruchlast wurde von den Klemm- und Kaurit-Proben (nicht aber von den Kasein-Proben) bei einer Schäftungslänge von 1:10 erreicht.

Der BVF-Sollwert für die Schäftungslänge ist 1:15. Dies mag auf dem Verhalten der bei der BVF-Festlegung nur bekannten Kasein-Leimung beruhen.

Bei Verwendung von Kaurit- und insbesonders Klemm-Leim ist auf Grund der Versuchs-Ergebnisse jedenfalls die kürzere, und daher konstruktiv und betriebstechnisch günstigere S c h ä f t u n g 1:10 vertretbar.

69

Zu 5) **Leimverschmutzung.**

Es wurden Verleimversuche mit Klemm- und Kaurit-Leim durchgeführt mit Proben aus Kiefernholz nach nebenstehender Skizze, deren Leimflächen nach dem Aufrauhen wie folgt behandelt wurden:

a) Mit Alkalien verschmutzt. (Je 3 Proben mit Seife, je 3 Proben mit Kasein.)

b) Leicht und stärker eingeölt. (Je 6 Proben.)

c) Leicht und stärker mit schweißigen Händen befaßt. (Je 6 Proben.)

d) Konserviert mit Glasso-Klarlack und Öllack. (Je 6 Proben.)

Ferner wurden je 6 Proben nicht mit Härter vorbehandelt. Zum Vergleich sind je 6 Proben normal verleimt worden. Das zu den Versuchen verwendete Kiefernholz hatte nachstehende Eigenschaften (Mittelwerte):

Eigenschaften (Mittelwerte):
Druckfestigkeit: 630 kg/cm^2
Zugfestigkeit: 1092 kg/cm^2
Biegefestigkeit: 973 kg/cm^2
Spez. Gewicht: 0,54
Feuchtigkeitsgehalt: ca. 12 %.

Die Proben wurden nach Verleimung und Pressung (Preßdauer 2 Stunden) 6 Tage im lufttrockenen Raum gelagert.

Abfall der Leimfestigkeit.
(Werte für Kaurit-Leim in Klammern.)   Tabelle 22

Versuch Nr.	Leimflächen- vorbehandlung	Binde- mittel	Probe- Nr.	Bindefestigkeit kg/cm^2	
				Einzelwerte	Mittelwert
1	mit Alkalien verschmutzt (Seife)	Klemm	1	58,1* (62,2)	
			2	60,2* (58,1*)	59,7 (59,0)
			3	60,8* (56,7*)	
2	mit Alkalien verschmutzt (Kasein)	Klemm	1	23,3 (26,2)	
			2	30,7 (29,7)	23,6 (23,6)
			3	16,7 (15,0)	

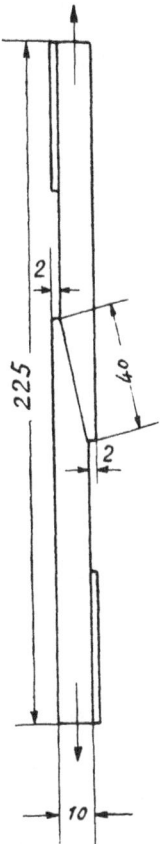

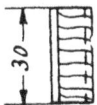

Versuch Nr.	Leimflächen-vorbehandlung	Binde-mittel	Probe-Nr.	Bindefestigkeit kg/cm² Einzelwerte	Mittelwert
3	leicht eingeölt	Klemm	1	65,6 (72,5*)	
			2	67,8* (61,7)	
			3	59,8* (51,8*)	62,9 (57,6)
			4	70,0* (51,2*)	
			5	52,5* (54,2*)	
			6	61,8* (54,5)	
4	stärker eingeölt	Klemm	1	61,7* (50,0*)	
			2	66,7* (56,7*)	
			3	60,3 (57,5*)	63,5 (58,4)
			4	69,0* (63,3)	
			5	60,7 (62,7*)	
			6	62,5 (60,2)	
5	leicht mit schweißigen Händen befaßt	Klemm	1	63,3* (56,7*)	
			2	60,2 (69,1*)	
			3	65,8 (56,7)	60,7 (62,3)
			4	57,5* (63,3)	
			5	63,3* (71,4*)	
			6	54,2* (56,7)	
6	stärker mit schweißigen Händen befaßt	Klemm	1	49,2 (48,3)	
			2	42,5 (35,0)	
			3	60,2* (46,1)	44,0 (44,1)
			4	34,4 (42,5)	
			5	34,1 (48,8*)	
			6	43,8 (44,2)	
7	konserviert mit Glasso-Klarlack und Öllack	Klemm	1	1,0 (5,0)	
			2	1,6 (5,7)	
			3	1,6 (4,1)	2,3 (3,0)
			4	5,7 (0,5)	
			5	1,3 (1,1)	
			6	2,8 (1,8)	

Versuch Nr.	Leimflächen- vorbehandlung	Binde- mittel	Probe- Nr.	Bindefestigkeit kg/cm²	
				Einzelwerte	Mittelwert
8	nicht mit Härter vor- behandelt	Klemm	1	12,0 (22,5)	
			2	19,2 (30,5)	
			3	17,1 (26,8)	17,4 (23,8)
			4	26,8 (17,8)	
			5	10,0 (26,6)	
			6	19,5 (18,9)	
9	normal	Klemm	1	76,7* (72,4*)	
			2	68,0* (61,7)	
			3	69,3* (79,0)	67,6 (67,8)
			4	62,3* (69,8*)	
			5	67,7* (61,7*)	
			6	61,7* (62,4*)	

* im Holz ausgeschert, die tatsächliche Leimfestigkeit liegt daher höher.

Im Vergleich zu den bei normaler Behandlung der Leim-flächen (Vers. 9) bei Klemm- und Kaurit-Verleimung ermittelten mittleren Bindefestigkeitswerten liegen die Werte Vers. 1 : 8 durchweg niedriger.

Die mittlere Bindefestigkeit Vers. 1, 3, 4 und 5 liegt jedoch – wie aus nachstehender Zusammenstellung ersichtlich ist – noch 5 – 15 % über dem nach der BVF verlangten Mindestwert von 55 kg/cm². Außerdem sind diese Proben größtenteils im Holz ausgeschert, die tatsächliche Leimfestigkeit liegt daher höher.

Bei Vers. 2, 6, 7 und 8 liegt die Bindefestigkeit im Mittel 20÷96 % unter dem Sollwert.

Bindefestigkeit in Prozenten: Tabelle 23

Ver-such Nr.	Leimflächen-vor-behandlung	Binde-mittel	Bindefestigkeits-abfall im Ver-gleich zu den normal verl. Proben in %	Bindefestigkeit im Vergleich zum Sollwert [55 kg/cm²] in %
1	mit Alkalien verschmutzt (Seife)	Klemm	11,7 (13)	+ 8,5 (+ 7,2)
2	mit Alkalien verschmutzt (Kasein)	Klemm	65 (65,2)	− 57,1 (− 57,1)
3	leicht eingeölt	Klemm	6,9 (15)	+ 14,3 (+ 4,7)
4	stärker eingeölt	Klemm	6,1 (13,9)	+ 15,4 (+ 6,2)
5	leicht mit schweißigen Händen befaßt	Klemm	10,2 (8,1)	+ 10,3 (+ 13,2)
6	stärker mit schweißigen Händen befaßt	Klemm	35 (35)	− 20 (− 19,8)
7	konserviert mit Glasso-Klarlack u. Öllack	Klemm	96,6 (95,5)	− 95,8 (− 94,5)
8	nicht mit Härter vor-behandelt	Klemm	74,2 (64,8)	− 68,3 (− 56,7)

Bindefestigkeit kg/cm² (Mittelwerte)

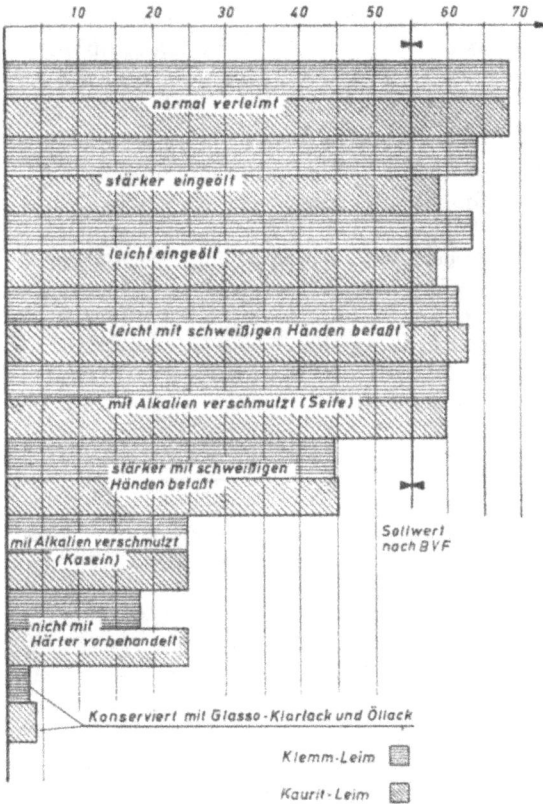

Diese Tabelle zeigt die, die übliche Verleimungspraxis nicht störende Grenze, bei der eine „Verschmutzung" unbedenklich ist, und daß – was ihrer Zusammensetzung nach verständlich ist – sich Kaurit- und Klemm-Leim in dieser untersuchten Hinsicht gleich verhalten.

Zu 6) Versuche über **Zeitdauer der Verwendungsmöglichkeit** des angemachten Klemm-Leims.

Es wurden Verleimungen mit Klemm-Leim 2, 4, 6 und 20 Stunden sowie 1 Tag bis 100 Tage nach Anrühren durchgeführt.

Versuchsausführung und Ergebnis.

Je 5 Probekörper aus Tannenholz wurden nach nebenstehender Skizze mit Klemm-Leim (1 :5) 2, 4, 6 und 20 Stunden, ferner 1, 5, 15, 20, 30, 50, 80 und 100 Tage nach dem Anrühren in der vorgeschriebenen Weise verleimt. Jeweils vor dem Auftragen wurde der Leim gut durchgerührt, der Leimtopf dann abgedeckt und in lufttrockenem Raum aufbewahrt.

Die Prüfung der Probekörper erfolgte nach 2-stündiger Preßdauer und 24-stündiger Lagerung in lufttrockenem Raum.

Die Prüfung ergab nachstehende Werte: Tabelle 24

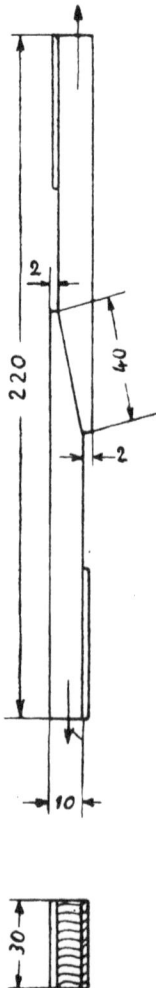

			Bindefestigkeit kg/cm^2	
Leim-		Probe-	Einzel-	Mittel-
Mischung	Verleimung	Nr.	werte	wert
		HK 174/1	65,0	
		2	76,0	
	2 Std. nach	3	71,5	66,7
	Anrühren	4	58,5	
		5	62,7	
		HK 174/6	61,0	
		7	54,6	
1:5	4 Std. nach	8	71,3	62,8
	Anrühren	9	58,6	
		10	68,9	
		HK 174/11	60,9	
		12	64,3	
	6 Std. nach	13	57,8	62,2
	Anrühren	14	61,6	
		15	68,7	

Leim-Mischung	Verleimung	Probe-Nr.	Bindefestigkeit kg/cm²	
			Einzel-werte	Mittel-wert
	20 Std. nach Anrühren	HK 174/16	66,2	
		17	64,5	
		18	54,0	62,4
		19	56,7	
		20	71,0	
	1 Tag nach Anrühren	HK 185/1	69,9	
		2	70,2	69,5
		3	68,4	
	5 Tage nach Anrühren	HK 185/4	71,3	
		5	65,2	65,1
		6	58,9	
	15 Tage nach Anrühren	HK 185/7	68,8	
		8	61,6	63,2
		9	59,2	
1:5	20 Tage nach Anrühren	HK 185/10	76,2	
		11	77,8	71,2
		12	59,7	
	30 Tage nach Anrühren	HK 185/13	65,2	
		14	70,2	63,2
		15	54,3	
	50 Tage nach Anrühren	HK 185/16	65,1	
		17	64,2	63,3
		18	60,8	
	80 Tage nach Anrühren	HK 185/19	68,9	
		20	60,4	63,2
		21	60,4	
	100 Tage nach Anrühren	HK 185/22	76,0	
		23	59,3	68,6
		24	70,6	

Sämtliche Proben sind im Holz ausgeschert, die tatsächliche Leimfestigkeit liegt daher höher.

Bei den Verleimungen 2, 4, 6 Stunden nach Anrühren zeigt der Leim die gleiche Streichfähigkeit; nach 20 Stunden war sie etwas zäher, jedoch noch sehr gut; sie blieb bis 50 Tage nach Anrühren fast gleich und wurde erst nach 80 und 100 Tagen merklich dicklicher; der Leim ließ sich jedoch noch gut auftragen. Bei den einzelnen Verleimungsstufen ergaben sich im Mittel praktisch die gleichen Bindefestigkeitswerte, die 14 bis 30 % über dem Sollwert (55 kg/cm^2) liegen.

Die zahlreichen Streuwerte von 54 – 77 kg/cm^2 sind auf den mehr oder weniger großen Frühholzanteil der betreffenden Holzproben zurückzuführen. In allen Fällen liegt die tatsächliche Leimfestigkeit höher, da teils das Holz ausgeschert wurde. Zusammenfassend ergibt sich, daß ein Bindefestigkeitsabfall bei Verwendung des Klemm-Leims auch 100 Tage nach dem Anrühren (ohne Härterzusatz) nicht festgestellt werden konnte, obwohl der zu den Versuchen verwendete Kauritleim nach Angabe des Lieferers schon nach 70 Tagen seine Verwendungsfähigkeit verlieren sollte. Bezüglich der Viscosität (Streichfähigkeit) war auch nach 100 Tagen seiner Anrührung der Leim praktisch gut verwendbar.

Zu 7) Hitzebeständigkeit.

Zur Untersuchung kamen je 3 Probekörper aus Buchenholz gemäß Skizze S. 75. Sie wurden mit Klemm-Leim und zum Vergleich auch mit Kaurit-Leim in der üblichen Weise verleimt.

Nach Erhärtung des Leimes (24 Stunden) wurde bei je 3 Probekörpern die Bindefestigkeit untersucht. Die restlichen (je 6) Probekörper wurden dreimal je 1 Stunde mit jeweils ½ stündiger Unterbrechung im elektrischen Trockenofen bei 150^0 C gelagert.

Je drei dieser Proben wurden sofort nach der dritten Beheizung, die drei übrigen nach weiterem 24-stündigem Lagern im lufttrockenen Raum geprüft. Ergebnis:

Ergebnis   Tabelle 25

| Behandlung der Probekörper nach Verleimung | Bindefestigkeit kg/cm² | | | |
| | Klemm-Verleimung | | Kaurit-Verleimung | |
	Einzel-werte	Mittel-wert	Einzel-werte	Mittel-wert
a) 24 Std. in luft-trockenem Raum gelagert	82,3 85,2 97,8	88,4	92,8 91,7 88,0	90,8
b) 24 Std. in luft-trockenem Raum, dann 3 × je 1 Std. im Trockenofen bei 150°C gelagert	71,3 68,2 63,1	67,5	66,7 64,1 67,1	65,9
c) wie bei b), dann 24 Std. in luft-trockenem Raum gelagert	85,5 91,0 86,5	87,6	93,6 84,1 85,5	87,7

Die Versuche ergaben bei den normalverleimten Proben (a) bei Klemm- und Kaurit-Verleimung im Mittel übereinstimmende Bindefestigkeitswerte, die 61 bzw. 65 % über dem Sollwert (55 kg/cm²) liegen.

Bei der Prüfung sofort nach der Wärmebehandlung (b) liegen die Werte um 23 bzw. 27 % niedriger, während nach weiterer 24-stündiger Lagerung in lufttrockenem Raum (c) die Ausgangsfestigkeit wieder erreicht wurde.

Klemm- und Kauritverleimung zeigten also bei dieser Erwärmung dasselbe Verhalten:

Abfallen der Bindefestigkeit (sofort nach Erwärmung geprüft) um rd. 25 %, Erreichen der Ausgangsfestigkeit nach weiterem 24-stündigem Lagern im lufttrockenen Raum.

Zu 8) **Pulverförmige Leimmischung.**

Es wurden jeweils 9 Probekörper mit p l a n e n Leimflächen aus Kiefernholz in üblicher Form mit Leim, der wie folgt angerührt wurde, in der üblichen Weise (Härter auf die eine, Leim auf die andere Fläche) verleimt:

a) aus Kauritleim-Pulver gemäß Gebrauchsvorschrift angerührt, Wasser : Kauritleim-Pulver 1 : 2 Gew.Teile,

b) Kauritleim angerührt wie bei a), dann Klemm-Leimfestigungspulver beigemischt

Mischungsverhältnis 1 : 5 Gew.Teile,

c) Klemm-Leimfestigungspulver und Kauritleim-Pulver gemischt

Mischungsverhältnis 1 : 3 Gew.Teile, dann mit Wasser angerührt, Wasserzugabe 50 %, bezogen auf die Kaurit-Pulver-Gew.Teile,

d) Klemm-Leim 1 : 5 wie bisher (Kaurit flüssig).

Nach Verleimung und Pressung wurden jeweils 3 Probekörper wie folgt vorbehandelt:

1. t r o c k e n

6 Tage in lufttrockenem Raum gelagert,

2. n a ß

6 Tage in lufttrockenem Raum gelagert, dann 24 Stunden unter Wasser gehalten,

3. w i e d e r t r o c k e n

behandelt wie unter 2., dann 24 Stunden in lufttrockenem Raum gelagert.

79

Ergebnis: Tabelle 26

| Leimart | Bindefestigkeit kg cm² | | | | | |
| | trocken | | naß | | wieder trocken | |
	Einzel-werte	Mittel-wert	Einzel-werte	Mittel-wert	Einzel-werte	Mittel-wert
a) aus Kauritleim-Pulver an-gerührter Kauritleim	60,5* 68,8* 67,2*	65,5	47,8 45,2 44,3	45,7	54,4 60,2* 58,9	57,8
b) angerührt wie bei a) dann Klemm-Leimfestigungspul-ver beigemischt	73,7* 75,8* 65,2*	71,5	50,3 48,2 46,7	48,4	61,4 68,2* 60,2*	63,2
c) Klemm-Leimfestigungspul-ver mit Kauritleimpulver gemischt dann, angerührt	71,2* 64,1* 62,3*	65,8	45,6 42,8 52,4*	46,9	64,2* 65,3* 58,1	62,5
d) Klemm-Leim, angerührt wie bisher (Kaurit flüssig)	65,8* 77,0* 65,2*	69,3	51,8 46,2 48,1	48,7	56,1 62,3* 64,5*	60,9

* im Holz ausgeschert, die tatsächliche Leimfestigkeit liegt daher höher.

Die Versuche ergaben im Mittel übereinstimmende Ergebnisse

a) mit dem aus Kaurit-Leimpulver hergestellten Kaurit-Leim

b) mit Klemm-Leim (Festigungspulver, dem angerührten Kaurit [b] und dem Kaurit-Pulver [c] beigemischt):

sie liegen   trocken   19–30 %

naß   128–143 %

wieder trocken   15–26 %

über dem Soll-Wert (55 kg/cm² bzw. 20 und 50 kg/cm²).

Die geringen Streuungen sind auf den mehr oder weniger großen Frühholzanteil der betreffenden Proben zurückzuführen.

c) Auch im Vergleich zu dem mit Kaurit flüssig hergestellten Klemm-Leim [d] ergaben sich übereinstimmende Werte.

Bezüglich der Streichfähigkeit zeigte sich der mit Kaurit-Leim-pulver angerührte Leim etwas leichtflüssiger als der in flüssiger Form gelieferte Kaurit-Leim. Entsprechend zeigt sich dieser geringe Unterschied auch dann beim Klemm-Leim.

Zusammenfassend ergibt sich, daß die Herstellungsart von Klemm-Leim mit Kaurit in Pulverform – Klemm-Leimfestigungspulver dem aus Kaurit-Leimpulver angerührten Kaurit-Leim oder ersterem vor dem Anrühren beigemischt – keinen Einfluß auf die Bindefestigkeit hat.

Die Bindefestigkeit ist dieselbe wie bei Kaurit flüssig.

Auch bezüglich der Viscosität zeigen sich keine wesentlichen Unterschiede im Vergleich zu letzterem.

Zu 9 a) **Werkstattversuch.**

Bericht:

Aufleimen der Sperrholzbeplankung (Buche 0,8 mm)
an einem Flügelstück Kl 25 e Rippe 3 – 5 mit Klemm-Leim.

Die Sperrholzbeplankung wurde mit K l e m m - L e i m , und zwar m i t d e n s e l b e n H i l f s m i t t e l n b e z ü g l i c h d e r P r e s s u n g w i e b e i d e r b i s h e r i g e n K a s e i n l e i m u n g , a u f g e l e i m t .

1. Arbeitsgang (Aufbringen der Beplankung).

a) F l ü g e l - U n t e r s e i t e . V e r l e i m u n g a m 8. 2. 1937, 8 Uhr 30.

A n w e s e n d :   V o n B e h ö r d e :   L F K :

	Von Behörde:	LFK:
	Herr Schl.	Herr Mü.
	Herr Schü.	Herr Bu.
	Herr Ge.	Herr Ma.
	Herr Kö.	Herr Mu.
	Herr Sch.	Herr Bu.
		Herr Fe.
		Herr Mi.

Das zur Beplankung verwendete Sperrholz wurde etwa 1 Stunde vor dem Aufleimen an der Außenseite mittels Lappen mit Wasser benäßt.

Die Leimflächen sind vor dem Härte- bzw. Leimauftragen leicht aufgerauht worden. Der Härter- und Leimauftrag erfolgte in der üblichen Weise. Nach dem Zusammenlegen der beiden Leimflächen erfolgte die Pressung am Holm mittels Zwingendruck (Zwingenabstand 12–18 cm). Preßdauer 2 Stunden. Bei den Kasten- und Zwischenrippen durch Nagelung (Nagelabstand ca. 3 cm).

b) Flügel-Oberseite. Verleimung am 8. 2. 1937, 11 Uhr.

Anwesend: Behörde: LFK:
               Herr Schl.   Herr Mü.
               Herr Ge.   Herr Bu.
                               Herr Fe.

Sperrholz- und Leimflächenvorbehandlung sowie Pressung am Holm mittels Zwingendruck und an den Kastenrippen durch Nagelung wie bei a).
An den Zwischenrippen wurde nicht genagelt oder zusätzlich gepreßt.

c) Flügelnase (obere Hälfte). Verleimung

am 8. 2. 1937, 14 Uhr 15.

Anwesend: Behörde: LFK:
               Herr Ge.   Herr Mu.
                               Herr Bu.

Sperrholz- und Leimflächenvorbehandlung sowie Pressung am Holm wie bei a).

d) Flügelnase (untere Hälfte). Verleimung

am 8. 2. 1937, 16 Uhr 45.

Anwesend: Behörde: LFK:
               Herr Ge.   Herr Bu.
                               Herr Ma.
                               Herr Knü.
                               Herr Bu.
                               Herr Fe.

Sperrholz- und Leimflächenvorbehandlung sowie Pressung am Holm wie bei a).

2. Abreißen der Beplankung am 9. 2. 1937, 8 Uhr 30.

Anwesend:	Behörde:	LFK:
	Herr Schl.	Herr Mü.
	Herr Ge.	Herr Mar.
	Herr Kö.	Herr Bu.
		Herr Mu.
		Herr Bu.

Die behördliche Bauaufsicht nahm zuerst „Daumenproben" an Rippen und Holmen vor. Dann wurde unter Einsatz des ganzen Körpergewichts auch bei den Leimstellen, die erst 16 bzw. 18 Stunden abgebunden hatten (Flügelnase), versucht, die Beplankung von der Verleimung loszudrücken oder loszureißen.

Dies war an k e i n e r Leimstelle möglich. Nirgends gelang es, die Beplankung von der Leimstelle abzuheben. Sperrholz und Auflagefläche waren absolut fest verbunden.

Die Leimung hielt tatsächlich 100 prozentig. Es war u n m ö g l i c h – wie dies häufig bei Kaurit- und Kaseinleimungen vorkommt – ohne Beschädigung die Beplankung auch nur an k l e i n s t e n S t e l l e n wegzudrücken.

Die Bauaufsicht hat zur weiteren Beobachtung einen Teil dieses Flügelstücks an sich genommen, im Freien aufgehängt und dauernder Feuchtigkeits- und Temperaturschwankung ausgesetzt.

Das Ergebnis dieser Beobachtung wird noch besonders mitgeteilt.

                                                    Behörde:

                    Stempel.   gez.: Schl.

Böblingen, 9. Februar 1937.

Aus den Versuch-Abbildungen (Tafel VII) ist gut erkennbar, daß der K l e m m - L e i m bei diesem „Werkstattversuch" sowohl in „dickeren Lagen" aufgetragen worden ist, und auch zur Ausfüllung von „Leimnestern" ohne schlechte Auswirkung dient. Die Abbildungen zeigen auch weiter sehr klar, daß und in welch außerordentlich gutem Maße sich die Leimfestigkeit, z. B. zwischen Sperrholz und Gurthölzern, ergab, trotzdem bei der Durchführung der Verleimung durchaus „keine besondere Sorgfalt auf Zwingendruck" und dessen Verteilung gelegt wurde, sondern hierbei in der Art verfahren wurde, wie dies bei der Verwendung z. B. von Kasein-Leim üblich war.

Werkstattversuch zum Bericht der behördl. Bauaufsicht vom 9. Februar 1937.
Aufleimen der Sperrholzbeplankung (Buche 0,8 mm) an einem Flügelstück Kl 25 e, Rippe 3-5

88

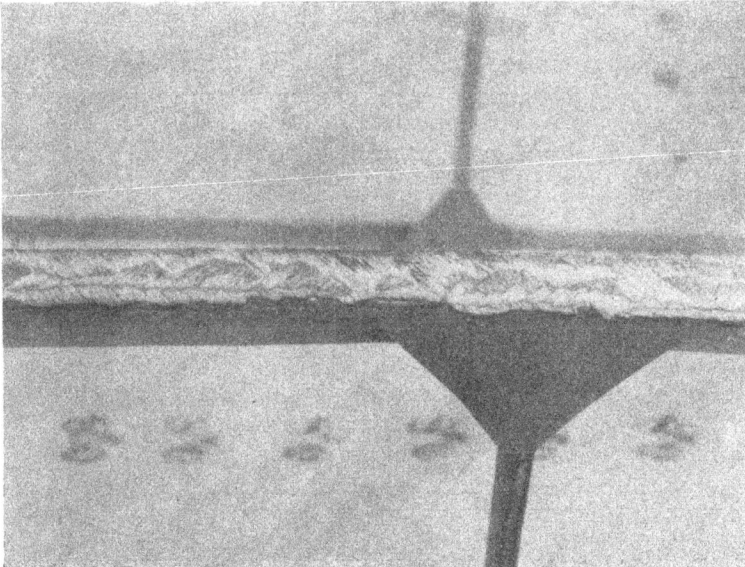

Vergrößerung des Ausschnitts von 88
89

mit Klemm-Leim.

90

Vergrößerung des Ausschnitts von 90
91

Zu 9 b) **Reparaturbefund.**

Bei der Durchsicht des zur Reparatur eingelieferten (ausländ.) Flugzeugs, Fabrikat X. Y., Werk.-Nr........, wurde ein schlechter Zustand der (offenbar Kaurit-) Verleimung festgestellt. Trotzdem die Leimschichten nur 0,2 – 0,4 mm stark (also praktisch „dünn") waren, waren sie vollkommen in kleinste Partikel zerrissen.

Die Sperrholzbeplankung (des Flügels) konnte mit leichtem Zug von den Holm- und Rippengurten abgezogen werden, ohne daß mit der Verleimung, was bei guter Art derselben hätte eintreten müssen, Holzteile von Sperrholz oder Gurten herausgerissen worden wären.

Nebenstehende Abbildungen geben ein gutes Bild über diese Erscheinungen, welche die Flugsicherheit dieses Flugzeugs ernsthaft in Frage stellten!

Reparaturbefund

³/₄ Original-Größe

92

Vergrößerung 3:1 obiger Größe

93

C. Vergleich
zwischen Klemm-Leim, Kaurit-Leim
sowie mit Knochen- und Kasein-Leim

Die Erschaffung des K l e m m - Leims beruht auf dem Bestehen des K a u r i t - Leims und aus dem Bestreben, dessen betriebstechnische Nachteile zu beseitigen, ohne seine Vorteile aufzugeben, dies ist, wie in vorbeschriebenen Untersuchungen erwiesen, erreicht worden.

Es erscheint nun aber zweckmäßig, die entscheidenden Eigenschaften dieser beiden Leime in Parallel-Versuchen herauszustellen, und hierbei ihre (grundsätzlichen) Unterschiede klar zu veranschaulichen.

Durch weitere Versuche erscheint es ferner angebracht,

a) die vorteilhaften Eigenschaften des K l e m m - L e i m s , besonders hinsichtlich seiner G e f ü g e f e s t i g k e i t in dickerer Leimschicht und bei Abbindungs-Alterung, im Vergleich zu den andern bislang untersuchten Leimen, insbesondere Kaurit-Leim, aufzuweisen,

b) die diesbezüglichen Eigenschaften dieser Leime, welche durch vorbeschriebene Versuche nicht ganz schlüssig erkennbar sind, völlig klarzustellen.

Bei den folgenden Tabellen (Darstellungen) der Versuchsergebnisse sind die Werte für Kauritverleimung in ( ) gesetzt.

Holzart der Proben: Deutsche Kiefer.

Vorbehandlung der Proben: Nach Verleimung 6 Tage in „lufttrockenem Raum gelagert" (Trockenwerte).

Magerung des Klemm-Leims 1 :10.

1. Mit Rücksicht auf die Vergleichsmöglichkeit wurden im Vorversuch Seite 33, 44–46 Verleimungen mit **ebenen Leimflächen** und normalem **Zwingendruck** (Pressung) angestellt.

Tabelle 27

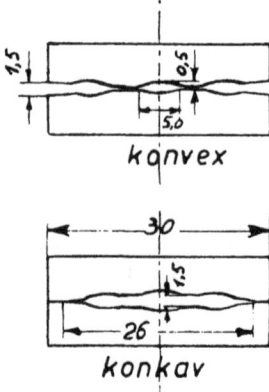

Versuch	Bindefestigkeit kg/cm^2					
	Tiefst		Höchst		Mittel	
MP 235	59,4	(54,6)	91,6	(81,7)	71,5	(67,9)
MP 274	55,9	(59,2)	75,3	(64,6)	67,3	(62,5)

2. Die Durchführung der Versuche mit **unebenen Leimflächen** erfolgte mit Holzprobekörpern, welche stark konvex oder stark konkav ausgebildet wurden. Die Dicke der Leimschicht war hierbei ca. 1,5 mm. Eine solche große Unebenheit kommt in der Praxis, bei einer auch geringeren Arbeitsgenauigkeit als normalüblich, kaum vor.

Versuchsart wie vor.

Tabelle 28

Versuch	Bindefestigkeit kg/cm^2					
	Tiefst		Höchst		Mittel	
MP 241	61,9	(50,0)	86,7	(66,3)	70,2	(59,7)
MP 266 konkav	54,1	(48,2)	78,4	(62,2)	64,1	(53,7)
MP 266 konvex	55,2	(48,2)	72,5	(60,9)	64,3	(55,2)

3. Verleimungsversuche mit **verschiedenen Preßstufen** (ebene Leimflächen).

Versuchsart wie vor.

Tabelle 29

Preßstufe	Bindefestigkeit kg/cm^2					
	Tiefst		Höchst		Mittel	
Mit der Hand lose zusammengedrückt	63,6	(58,4)	69,3	(61,5)	67,2	(60,4)
1 kg/cm^2	55,7	(57,6)	75,8	(65,8)	66,8	(60,5)
2 kg/cm^2	64,5	(60,0)	71,8	(63,4)	66,7	(61,6)
3 kg/cm^2	58,4	(62,7)	69,4	(72,0)	63,6	(67,9)
4 kg/cm^2	56,9	(52,8)	69,0	(64,5)	63,4	(60,6)
5 kg/cm^2	56,7	(58,6)	78,1	(65,8)	66,5	(62,6)

Die Ergebnisse vorbeschriebener Versuche zu 1., 2. und 3. (Tab. 27, 28 und 29 zeigen:

a) einen verhältnismäßig geringen Unterschied der Klemm- und der Kaurit-Verleimung, im wesentlichen zugunsten der Klemm-Verleimung;

b) keine nennenswerten Unterschiede der Festigkeit der unebenen mit der ebenen Verleimung bei Klemm-Leim und überraschenderweise auch bei Kaurit-Leim.

Letztgenanntes Ergebnis widerspricht nun aber den von der Herstellerfirma des Kaurit-Leims gegebenen Vorschriften. Nach diesen darf ja der Leim nur in möglichst dünnen Lagen aufgetragen und müssen die zu verleimenden Flächen satt zwingengepreßt werden, „um Fehlleimungen zu vermeiden". Es widerspricht auch den Erfahrungen der Praxis, welche zeigen, daß, wenn diese Gebrauchsvorschriften nicht eingehalten werden, „Fehlleimungen unvermeidlich sind".

Der scheinbar v o r l i e g e n d e W i d e r s p r u c h wird aufgeklärt, wenn man sich der Tatsache bewußt wird, daß fast jedes fette (d. h. nicht mit Füllmittel versetzte) Bindemittel (Zement, Leim usw.) beim Erstarren sich mehr oder weniger stark zusammenzieht und dabei wegen der dabei auftretenden großen inneren Spannungen mehr oder weniger stark zerrissen wird. Jeder Baupraktiker kennt diese Erscheinung bei Portland-Zement, Gips usw. Um diesen Übelstand zu beseitigen, wird bekanntlich in der Baupraxis eine „abgemagerte" Mischung hergestellt, z. B. wird der Portland-Zement oder Gips in bestimmtem Verhältnis mit Sand gemischt. Diese Erfahrungen wurden bei der Zusammensetzung des Klemm-Leims berücksichtigt, indem dem Kaurit-Leim ein ihm a r t e i g e n e s A b m a g e r u n g s - m i t t e l zugesetzt wurde. Das Ergebnis mußte sinngemäß das gleiche sein wie bei Zement und Gips.

Zur Prüfung der Richtigkeit dieses Analogie-Schlusses in Beziehung auf Klemm- und Kaurit-Leim wurden weitere Versuche angestellt, bei denen die Probekörper nicht, wie üblich, nach 6 Tagen der Lufttrocknung, sondern nach 8, 16, 24 und 32 Tagen, also in der „Alterung", auf ihre Leimfestigkeit und auf das Gefüge der Leimschicht geprüft wurden.

4. Qualitative Untersuchung der „**Alterung**" der Verleimung bei **unebenen Leimflächen**:

(Kaurit-Werte in Klammer)   Tabelle 30

Prüftag	Bindefestigkeit kg/cm²		
	Tiefst	Höchst	Mittel
8 Tage nach Verleimung	54,1 (48,2)	78,4 (62,2)	64,1 (53,7)
16 Tage nach Verleimung	54,6 (47,2)	71,8 (57,4)	62,6 (51,2)
24 Tage nach Verleimung	55,8 (36,9)	79,8 (59,1)	67,2 (49,6)
32 Tage nach Verleimung	54,9 (39,1)	70,7 (58,9)	63,8 (45,9)

Das Ergebnis dieser Versuche zeigt:

a) bei Klemm-Verleimung die Erhaltung der Bindefestigkeit auch der unebenen Leimschicht im Vergleich zur planen Schicht bis zu 32 Tagen „Alterung" (vergleiche hiemit die Werte S. 47 und 89);

b) bei der Kaurit-Verleimung ein nicht unwesentliches Absinken rd. 28 % der Bindefestigkeit nach 32 Tagen.

Mit diesen Untersuchungen ist die Klärung für die Frage erbracht, w a r u m der Kaurit-Leim nur in dünnsten Lagen aufgebracht werden darf, wenn „Fehlleimungen" vermieden werden sollen. Besonders eindrucksvoll zeigen dies die Abbildungen der folgenden Tafeln IX bis XIV.

Unebene Verleimung

(qualitative Untersuchung)

Bindemittel: Kaurit-Leim

nach 24 Tagen der Erstarrung
Leimfestigkeit gesunken auf 45,6 kg/cm^2
Leimgefüge zerstört (Risse)

Verkleinerung

94

Leimfläche Orig.-Größe

95

92

Leimfläche Vergrößerung 3:1

96

Unebene Verleimung

(qualitative Untersuchung)

Bindemittel: Kaurit-Leim

nach 24 Tagen der Erstarrung
Leimfestigkeit gesunken auf 45,6 kg/cm^2
Leimgefüge zerstört (Risse)

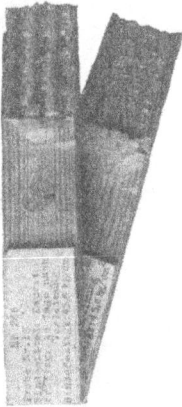

Verkleinerung
97

Leimfläche Orig.-Größe
98

94

Leimfläche Vergrößerung 5:1
99

Unebene Verleimung

(qualitative Untersuchung)

Bindemittel: Kaurit-Leim

nach 32 Tagen der Erstarrung
Leimfestigkeit gesunken auf 39,1 kg/cm^2
Leimgefüge zerstört (Risse)

Verkleinerung

100

Leimfläche Orig.-Größe

101

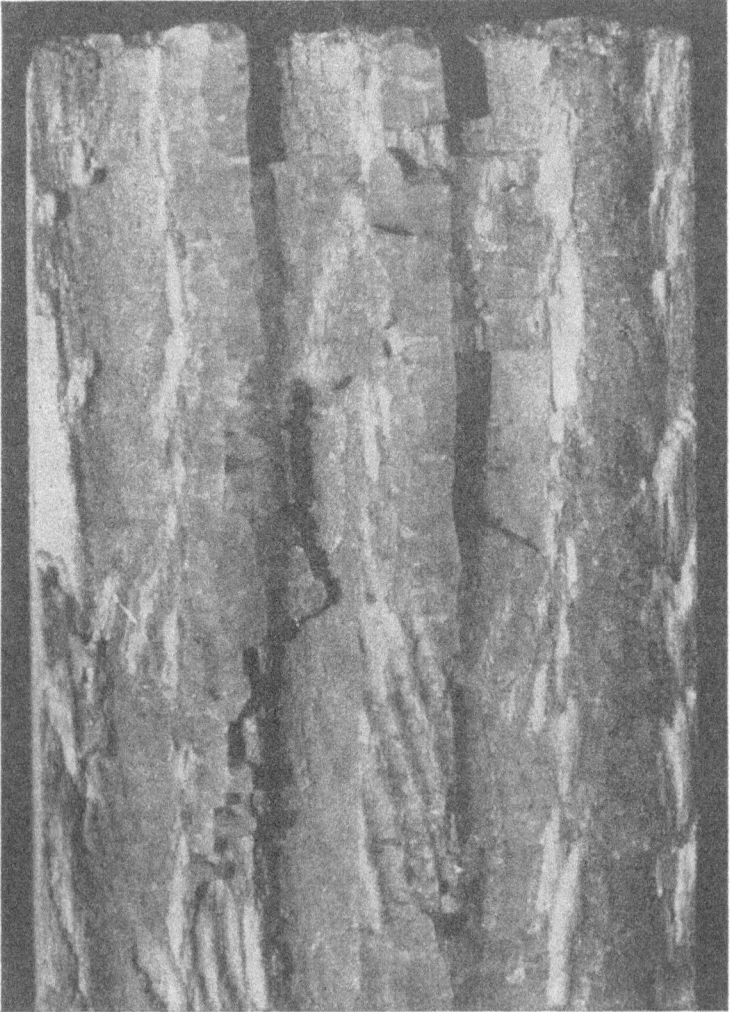

Leimfläche Vergrößerung 3:1
102

Unebene Verleimung

(qualitative Untersuchung)

Bindemittel: Kaurit-Leim

nach 32 Tagen der Erstarrung
Leimfestigkeit gesunken auf 39,1 kg/cm^2
Leimgefüge zerstört (Risse)

Verkleinerung

103

Leimfläche Orig.-Größe

104

Leimfläche Vergrößerung 5:1
105

Unebene Verleimung

(qualitative Untersuchung)

Bindemittel: Klemm-Leim

nach 32 Tagen der Erstarrung
Leimfestigkeit erhalten auf 70,7 kg/cm²
Leimgefüge unzerstört (keine Risse)

Verkleinerung
106

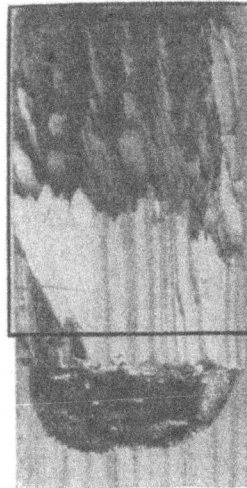

Leimfläche Orig.-Größe
107

Leimfläche Vergrößerung 3:1

108

Unebene Verleimung

(qualitative Untersuchung)

Bindemittel: Klemm-Leim

nach 32 Tagen der Erstarrung
Leimfestigkeit erhalten auf 70,7 kg/cm^2
Leimgefüge unzerstört (keine Risse)

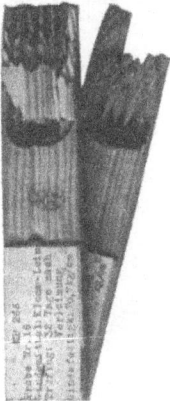

Verkleinerung

109

Leimfläche Orig.-Größe

110

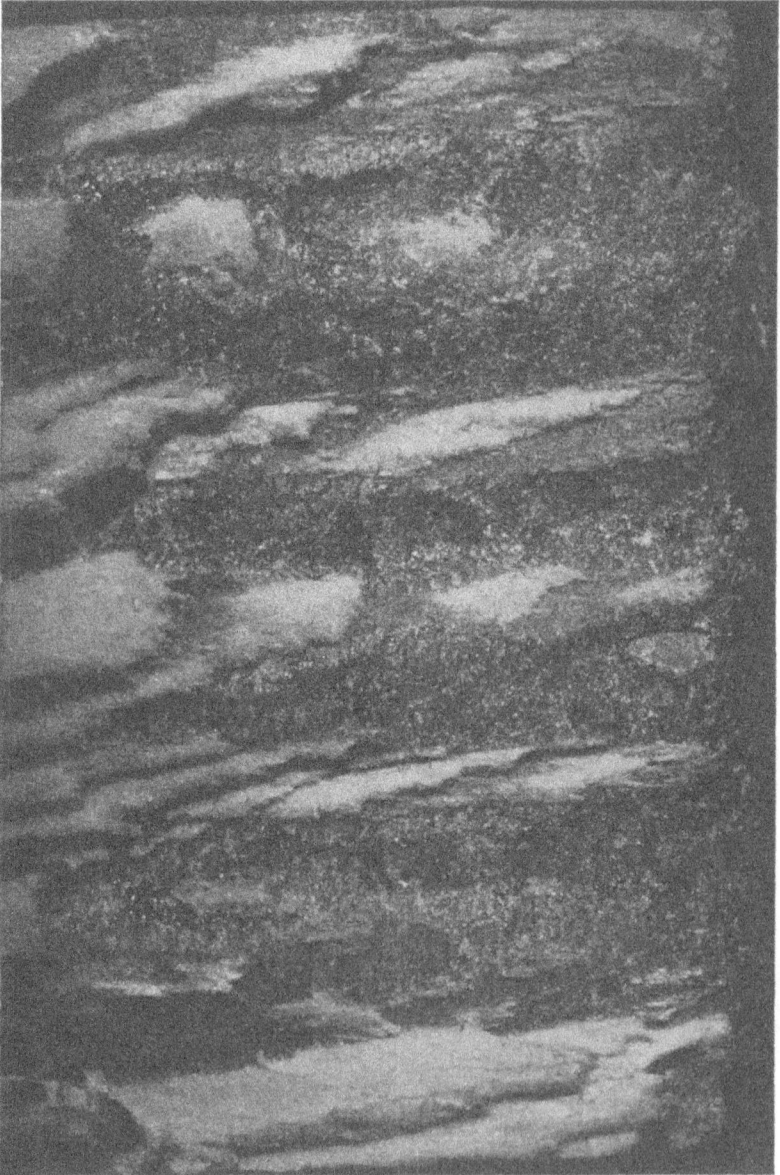

Leimfläche Vergrößerung 5:1
111

5. Quantitative **Alterungsversuche.**

Das, festigkeitsmäßig, so gegensätzliche Verhalten der Klemm-Verleimung (gut) gegenüber der Kaurit-Verleimung (schlecht) bei
dickeren Leimaufstrichen haben vorbeschriebene Versuche in quali-
tativer Hinsicht ausreichend aufgeklärt. Es erscheint nun zweckmäßig, diese Klärung auch in quantitativer Hinsicht zu erhalten.

Zur Feststellung einerseits der Grenze, bis zu welcher die Klemm-
Verleimung dickenmäckig ohne Schaden für ihre Festigkeit durchgeführt werden kann, und andererseits zur Feststellung, in welchem
Maße mit steigender, praktisch noch vorkommender Leimschicht-
dicke die Kaurit-Verleimungsfestigkeit während der Erstarrung (bis
zu 32 Tagen) absinkt, wurden noch weitere Versuche angestellt.

Hierzu wurden Versuchskörper gemäß Abbildung Seite 103 verwendet.

a) Klemm-Leim-Verleimungen mit P l a n leimflächen und verschiedenen V e r t i e f u n g e n (Skizze Seite 105)
Prüfung 6 Tage nach Verleimung.

aa) plane Leimflächen	Proben Nr. 2 – 20
bb) Vertiefung 0,8 mm	Proben Nr. 22 – 40
cc) Vertiefung 1,5 mm	Proben Nr. 42 – 60
dd) Vertiefung 2,5 mm	Proben Nr. 62 – 80

b) Alterungsversuche mit Klemm-Leim und Kaurit-Leim Vertiefung
2,5 mm

aa) 8 Tage Lagerung	Proben Nr. 96 – 110
bb) 16 Tage Lagerung	Proben Nr. 112 – 126
cc) 24 Tage Lagerung	Proben Nr. 128 – 142
dd) 32 Tage Lagerung	Proben Nr. 144 – 158

Bei diesen „Alterungsversuchen" wurden jeweils die ersten vier
Proben mit Kaurit, die übrigen mit Klemm-Leim verarbeitet. Das Auf-
rauen der Leimflächen erfolgte mit Glaspapier Nr. 4. Der zu den
Versuchen verwendete Kaurit-Leim wurde dem Faß Nr. 83 (brauch-
bar lt. Aufdruck des Lieferers bis 30. 11. 37) entnommen.

Die Proben mit Planleimflächen und 0,8 mm Vertiefung sind in der
üblichen Weise verleimt worden (Leim auf die eine, Härter [rot]
auf die andere Fläche), während zu den Verleimungen mit 1,5 bzw.
2,5 mm Vertiefung der Härter [rot] dem Leim beigemischt wurde,
und zwar 5 % bezogen auf die Kauritgewichtsteile. Das Mischungsverhältnis des Klemm-Leim-Magerungsmittels : Kaurit betrug in jedem

Unebene Verleimung

Holzart der Probestäbe: Kiefer

Schnitte A-B

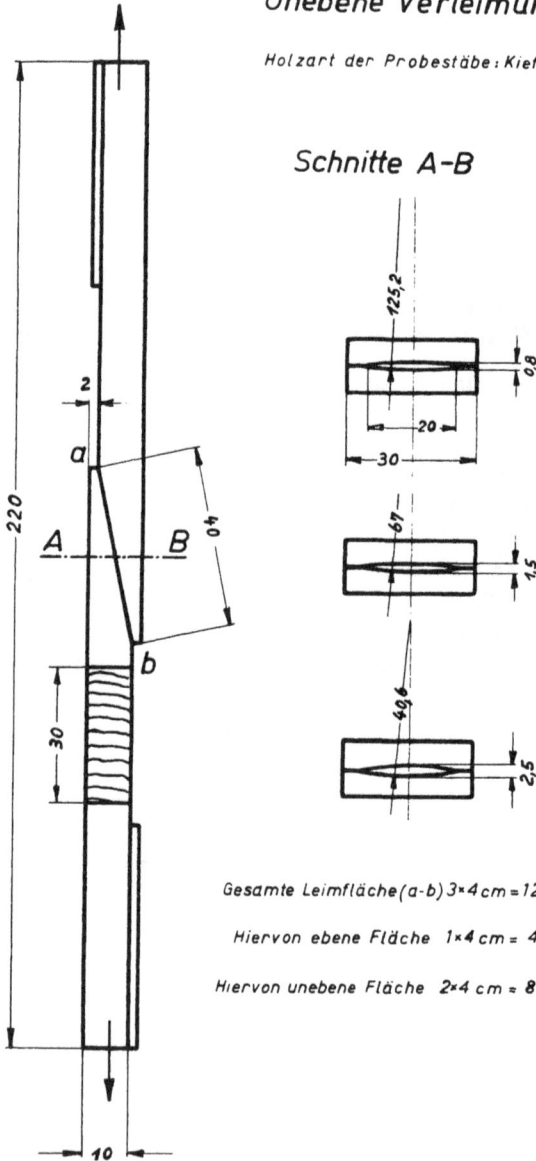

Gesamte Leimfläche (a-b) 3×4 cm = 12 cm² (100%)

Hiervon ebene Fläche 1×4 cm = 4 cm² (33%)

Hiervon unebene Fläche 2×4 cm = 8 cm² (67%)

105

Fall 1:5. Die Verleimungen wurden bei einer Raumtemperatur von ca. 20⁰ C und einer rel. Luftfeuchtigkeit von 60 – 65 % durchgeführt. Preßdauer 18 Std.

Die Prüfung der Probekörper erfolgte in einer 5 t Zerreißmaschine (Tarnogrocki) mit einer Geschwindigkeitssteigerung des Zerreißzugs von 100 kg/cm²/Min.

Ergebnisse:

1. **Klemm-Leim-Verleimungen mit Planleimflächen und verschiedenen Vertiefungen.** Tafel 31

Leim-fläche	Probe Nr.	Leimfläche Länge cm	Breite cm	cm²	Bruch-belastung kg	Bindefestigkeit kg/cm² Einzel-werte	Mittel-werte
	2	4,0	3,01	12,04	840	69,8	
	4	4,0	3,03	12,12	890	73,5	
	6	4,0	3,0	12,0	1150	95,9	
	8	4,2	3,0	12,6	890	70,6	
plan	10	4,0	3,03	12,12	890	73,5	78,5
	12	4,1	3,02	12,38	1020	82,4	
	14	4,0	3,02	12,08	1050	87,0	
	16	4,0	3,01	12,04	980	81,4	
	18	4,0	3,0	12,0	980	81,7	
	20	4,0	3,02	12,08	840	69,5	
	22	4,1	3,02	12,38	1160	93,6	
	24	4,1	3,03	12,42	1100	88,5	
	26	4,1	3,02	12,38	1110	89,6	
	28	4,0	3,0	12,0	890	74,2	
0,8 mm	30	4,0	3,02	12,08	1000	82,8	83,9
vertieft	32	4,0	3,03	12,12	1150	94,9	
	34	4,0	3,02	12,08	1000	82,8	
	36	4,1	3,02	12,38	950	76,7	
	38	4,1	3,02	12,38	940	75,9	
	40	4,1	3,02	12,38	990	80,0	

Leim-fläche	Probe Nr.	Leimfläche Länge cm	Breite cm	cm²	Bruch-belastung kg	Bindefestigkeit kg/cm² Einzel-werte	Mittel-werte
	42	4,0	3,0	12,0	870	72,5	
	44	4,2	3,0	12,6	920 H	73,0	
	46	4,1	3,03	12,42	890 H	71,6	
	48	4,1	3,03	12,42	850 H	68,4	
1,5 mm	50	4,1	3,03	12,42	910	73,2	73,4
vertieft	52	4,0	3,0	12,0	890	74,1	
	54	4,0	3,02	12,08	940 H	77,8	
	56	4,0	3,02	12,08	840 H	69,5	
	58	4,0	3,03	12,12	910 H	75,1	
	60	4,0	3,03	12,12	960	79,2	
	62	4,1	3,02	12,38	860	69,4	
	64	4,1	3,0	12,3	910 H	74,0	
	66	3,9	3,0	11,7	700	59,8	
	68	4,0	3,03	12,12	800	66,0	
2,5 mm	70	4,0	3,03	12,12	800	66,0	67,2
vertieft	72	4,1	3,03	12,42	900	72,5	
	74	4,0	3,0	12,0	850	70,8	
	76	4,0	3,03	12,12	780 H	64,3	
	78	4,0	3,02	12,08	920	76,1	
	80	3,9	3,02	11,77	630	53,5	

H = Holzbruch.

107

2. **Alterungsversuche.**

Prüftag	Binde-mittel	Probe Nr.	Leimfläche Länge cm	Breite cm	cm²	Bruch-belastg. kg	Bindefestigkeit kg/cm² Einzel-werte	Mittel-werte
8 Tage nach Ver-leimung	Kaurit	96	4,0	3,03	12,12	600	49,5	
		98	3,8	3,0	11,4	650	57,0	50,5
		100	4,0	3,01	12,04	600	49,8	
		102	4,0	3,0	12,0	550	45,8	
	Klemm	104	4,1	3,02	12,38	960	77,5	
		106	4,0	3,02	12,08	890	73,6	74,6
		108	4,0	3,0	12,0	900	75,0	
		110	4,0	3,03	12,12	880	72,6	
16 Tage nach Ver-leimung	Kaurit	112	4,0	3,0	12,0	600	50,0	
		114	4,1	3,0	12,3	550	44,7	46,0
		116	4,0	3,0	12,0	510	42,5	
		118	4,1	3,0	12,3	580	47,1	
	Klemm	120	4,0	3,02	12,08	910	75,3	
		122	4,0	3,02	12,08	850	70,3	69,4
		124	3,9	3,02	11,77	750	63,7	
		126	3,8	3,0	11,4	780	68,4	
24 Tage nach Ver-leimung	Kaurit	128	4,1	3,02	12,38	450	36,3	
		130	4,0	3,03	12,12	600	49,5	44,0
		132	4,1	3,0	12,3	570	46,3	
		134	4,0	3,0	12,0	530	44,1	
	Klemm	136	4,1	3,0	12,3	800	65,0	
		138	4,1	3,02	12,38	1070	86,4	75,4
		140	4,0	3,02	12,08	930	77,0	
		142	4,05	3,02	12,23	895	73,2	
32 Tage nach Ver-leimung	Kaurit	144	4,2	3,02	12,68	500	39,4	
		146	4,2	3,0	12,6	480	38,1	37,8
		148	4,1	3,0	12,3	420	34,1	
		150	4,1	3,0	12,3	490	39,8	
	Klemm	152	4,2	3,0	12,6	1100	87,3	
		154	4,2	3,02	12,68	1080	85,1	80,7
		156	4,0	3,0	12,0	880	73,3	
		158	4,1	3,0	12,3	950	77,2	

Tabellarische Zusammenstellung zum Vergleich von Klemm- und Kaurit-Leim.

Tabelle 33

Prüfung: 6 Tage nach Verleimung (Klemm-Leim)

A. Klemm-Leim-Verleimungen mit Planleimflächen und verschiedenen Vertiefungen				B. Alterungsversuche mit Klemm-Leim und Kaurit-Leim (Vertiefung der Leimfläche 2,5 mm)					
Leimfläche	Probe Nr.	Bindefestigkeit kg/cm² Einzelwerte	Mittelwert	Prüftag	Bindemittel	Probe Nr.	Bindefestigkeit kg/cm² bezogen auf Gesamtleimfläche F (12 cm²) Einzelwerte	Mittelwert	vert.Fläche* F red (8 cm²)
plan	2	69,8		8 Tage nach Verleimung					
	4	73,5			Kaurit	96	49,5		
	1	95,9				98	57,0		
	8	70,6				100	49,8	50,5	40,7
	10	73,5				102	45,8		
	12	82,4	78,5						
	14	87,0				104	77,5		
	16	81,4			Klemm	106	73,6		
	18	81,7				108	75,0	74,6	—
	20	69,5				110	72,6		
0,8 mm vertieft	22	93,6		16 Tage nach Verleimung					
	24	88,5			Kaurit	112	50,0		
	26	89,6				114	44,7		
	28	74,2				116	42,5	46,0	34,0
	30	82,8				118	47,1		
	32	94,9	83,9						
	34	82,8				120	75,3		
	36	76,7			Klemm	122	70,3		
	38	75,9				124	63,7	69,4	—
	40	80,0				126	68,4		
1,5 mm vertieft	42	72,5		24 Tage nach Verleimung					
	44	73,0 H			Kaurit	128	36,3		
	46	71,6 H				130	49,5		
	48	68,4 H				132	46,3	44,0	31,0
	50	73,2				134	44,1		
	52	74,1	73,4						
	54	77,8 H				136	65,0		
	56	69,5 H			Klemm	138	86,4		
	58	75,1 H				140	77,0	75,4	—
	60	79,2				142	73,2		
2,5 mm vertieft	62	69,4		32 Tage nach Verleimung					
	64	74,0 H			Kaurit	144	39,4		
	66	59,8				146	38,1		
	68	66,0				148	34,1	37,8	21,7
	70	66,0				150	39,8		
	72	72,5	67,2						
	74	70,8				152	87,3		
	76	64,3 H			Klemm	154	85,1		
	78	76,1				156	73,3	80,7	—
	80	53,5				158	77,2		

H = Holzbruch

* = Bei einer mittleren Leimfestigkeit bei Kaurit p l a n verleimung von 70 kg/cm² (Flächenanteil 4 cm²) errechnet nach der Formel:

$$S\,red = \frac{S \cdot F - S\,pl \cdot F\,pl}{F\,red}$$

Es bedeutet: S = Bruchspannung bezogen auf Gesamtleimfläche F.
S pl = Mittlere Leimfestigkeit bei Kauritplanverleimung bezogen auf die Planleimfläche F pl
S red = Bruchspannung reduziert auf den vertieften Flächenanteil F red

Zusammenfassende graphische Darstellung
der mittleren Bindefestigkeitswerte von Klemm- und Kaurit-Leim

1. _Klemm-Leim_-Verleimungen mit _Plan_leimflächen u. verschiedenen _Vertiefungen._

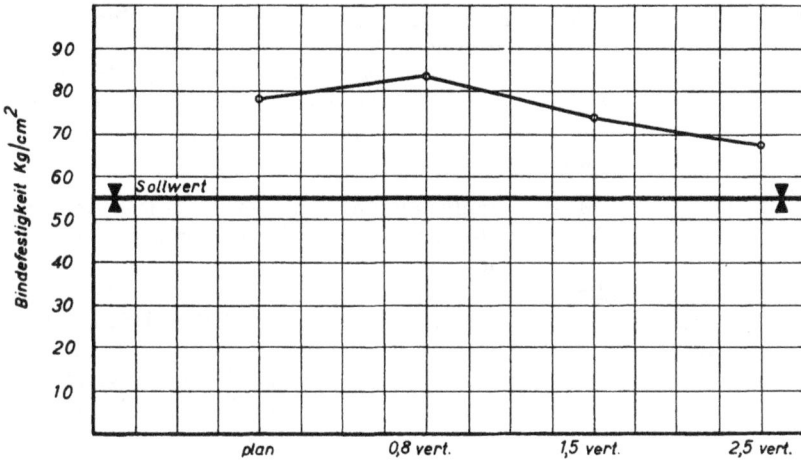

2. _Alterungsversuche._
Leimfläche: _2,5 vertieft._

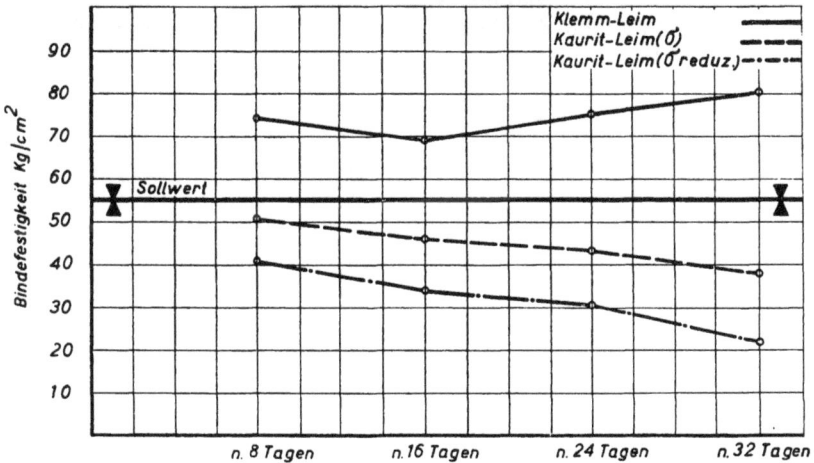

Die Versuche ergaben folgendes:

a) Bei **Klemm-Verleimungen** mit Planleimflächen und verschiedenen Vertiefungen liegen im Mittel die Bindefestigkeitwerte 22–52 % über dem Sollwert (55 kg/cm^2). Die tatsächliche Leimfestigkeit liegt jedoch höher, da in den meisten Fällen das Holz ausgeschert wurde und bei sechs Proben mit 1,5 mm und zwei Proben mit 2,5 mm Vertiefung das Holz zu Bruch ging.

Auch die Alterungsversuche ergaben bei den Klemm-Leim-Proben im Mittel durchweg gleichbleibende Werte, die 26–47 % über dem Sollwert liegen und auch diese Proben sind größtenteils im Holz ausgeschert.

b) Die Festigkeit der unebenen Kaurit-Verleimung fällt mit der Dauer der Alterung stark: 8 % nach 8 Tagen bis auf 31 % nach 32 Tagen unter den Sollwert.

Der tatsächliche Bindefestigkeitsabfall an der vertieften Stelle ist jedoch noch höher, da die Proben mit vertieften Flächen noch eine plane Leimfläche von 4 cm^2 haben und für diese bei Kauritplanverleimung eine mittlere Bindefestigkeit von 70 kg/cm^2 angenommen werden kann. Es beträgt hiernach die Bindefestigkeit an der vertieften Stelle z. B. 32 Tage nach Verleimung – wie aus der tabellarischen und graphischen Zusammenstellung Seite 109 und 110 (S red.) hervorgeht – im Mittel nur noch 21,7 kg/cm^2 (– 60 % bezogen auf den Sollwert).

Ein schönes anschauliches Bild über die voruntersuchten Verhältnisse geben die Abbildungen auf den folgenden Tafeln XV bis XXVI.

Verleimungen
zum Vergleich von Klemm-Leim
und Kaurit-Leim

(quantitative Untersuchung)

Probe Nr. 8
Leimfläche .... plan
Bindemittel .... Klemm-Leim
Prüftag .... 6 Tage nach Verleimung
Bindefestigkeit .... 70,6 kg/cm²

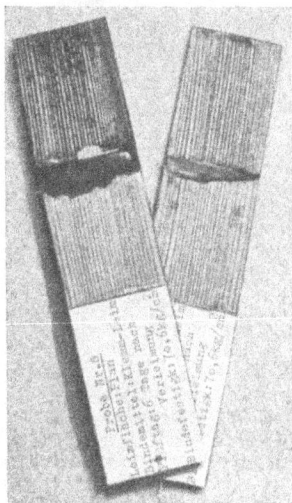

Verkleinerung
112

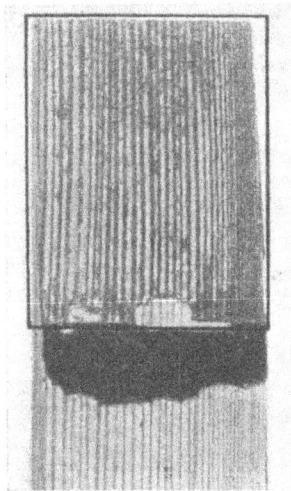

Leimfläche Orig.-Größe
113

Leimfläche Vergrößerung 3 : 1
114

115

Verleimungen
zum Vergleich von Klemm-Leim
und Kaurit-Leim
(quantitative Untersuchung)

Probe Nr. 28
Leimfläche .... 0,8 mm vertieft
Bindemittel .... Klemm-Leim
Prüftag .... 6 Tage nach Verleimung
Bindefestigkeit .... 74,2 kg/cm^2

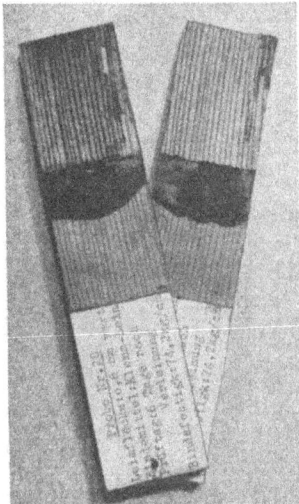

Verkleinerung
116

Leimfläche Orig.-Größe
117

Leimfläche Vergrößerung 3 : 1
118

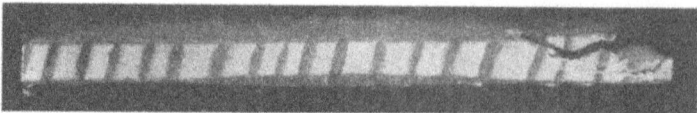

119

Verleimungen
zum Vergleich von Klemm-Leim und Kaurit-Leim
(quantitative Untersuchung)

Probe Nr. 44
Leimfläche .... 1,5 mm vertieft
Bindemittel .... Klemm-Leim
Prüftag .... 6 Tage nach Verleimung
Bindefestigkeit .... 73,0 kg/cm²

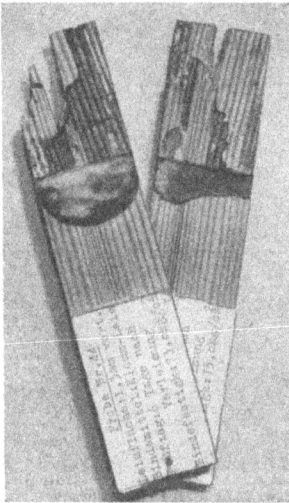

Verkleinerung
120

Leimfläche Orig.-Größe
121

Leimfläche Vergrößerung 3 : 1
122

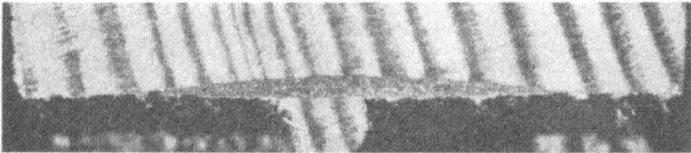

Schnitt A – B
123

Verleimungen
zum Vergleich von Klemm-Leim
und Kaurit-Leim

(quantitative Untersuchung)

Probe Nr. 64
Leimfläche .... 2,5 mm vertieft
Bindemittel .... Klemm-Leim
Prüftag .... 6 Tage nach Verleimung
Bindefestigkeit .... 74,0 kg/cm^2

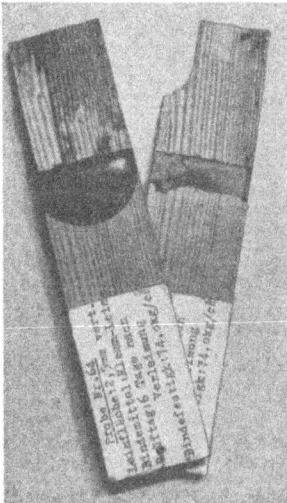

Verkleinerung
124

Leimfläche Orig.-Größe
125

Leimfläche Vergrößerung 3 : 1
126

127

Verleimungen
zum Vergleich von Klemm-Leim
und Kaurit-Leim
(quantitative Untersuchung)

Probe Nr. 98
Leimfläche .... 2,5 mm vertieft
Bindemittel .... Kaurit-Leim
Prüftag .... 8 Tage nach Verleimung
Bindefestigkeit .... 57,1 kg/cm^2

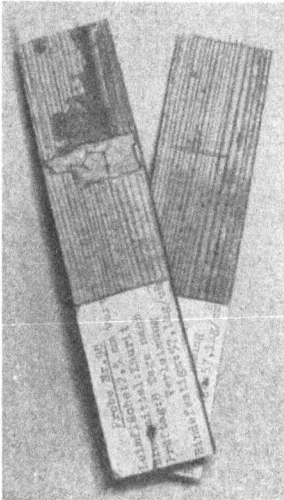

Verkleinerung
128

Leimfläche Orig.-Größe
129

Leimfläche Vergrößerung 3 : 1
130

131

Verleimungen
zum Vergleich von Klemm-Leim und Kaurit-Leim

(quantitative Untersuchung)

Probe Nr. 108
Leimfläche .... 2,5 mm vertieft
Bindemittel .... Klemm-Leim
Prüftag .... 8 Tage nach Verleimung
Bindefestigkeit .... 75,0 kg/cm^2

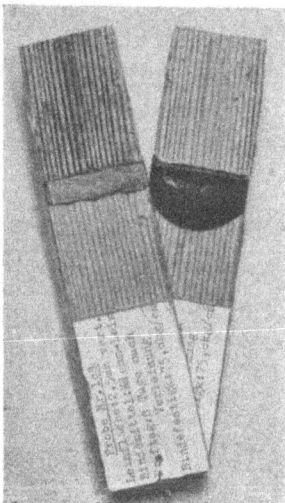

Verkleinerung
132

Leimfläche Orig.-Größe
133

Leimfläche Vergrößerung 3 : 1
134

135

Verleimungen
zum Vergleich von Klemm-Leim und Kaurit-Leim

(quantitative Untersuchung)

Probe Nr. 116
Leimfläche .... 2,5 mm vertieft
Bindemittel .... Kaurit-Leim
Prüftag .... 16 Tage nach Verleimung
Bindefestigkeit .... 42,5 kg/cm²

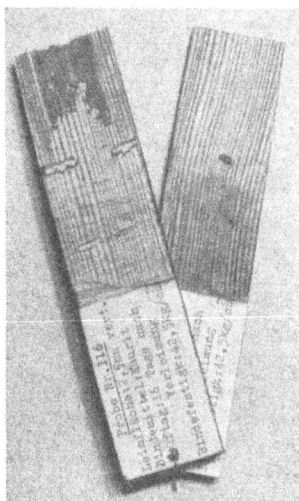

Verkleinerung
136

Leimfläche Orig.-Größe
137

Leimfläche Vergrößerung 3 : 1
138

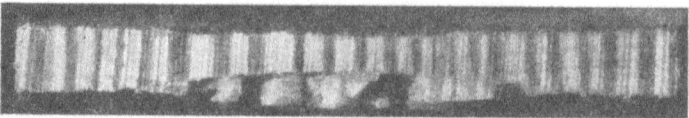

139

Verleimungen
zum Vergleich von Klemm-Leim
und Kaurit-Leim

(quantitative Untersuchung)

Probe Nr. 126
Leimfläche .... 2,5 mm vertieft
Bindemittel .... Klemm-Leim
Prüftag .... 16 Tage nach Verleimung
Bindefestigkeit .... 68,4 kg/cm²

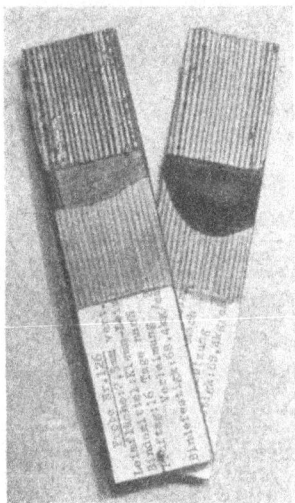

Verkleinerung
140

Leimfläche Orig.-Größe
141

Leimfläche Vergrößerung 3 : 1
142

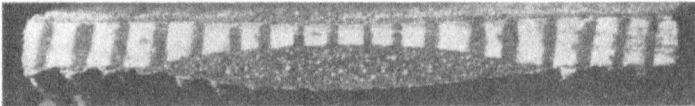

143

Verleimungen
zum Vergleich von Klemm-Leim
und Kaurit-Leim

(quantitative Untersuchung)

Probe Nr. 134
Leimfläche .... 2,5 mm vertieft
Bindemittel .... Kaurit-Leim
Prüftag .... 24 Tage nach Verleimung
Bindefestigkeit .... 44,1 kg/cm²

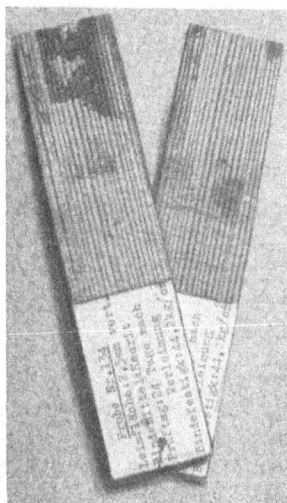

Verkleinerung
144

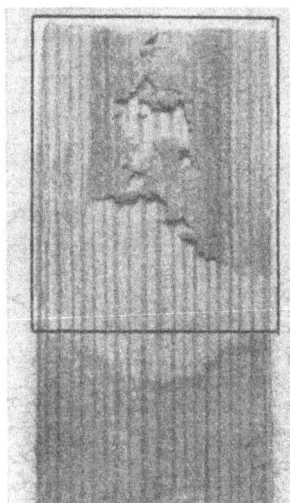

Leimfläche Orig.-Größe
145

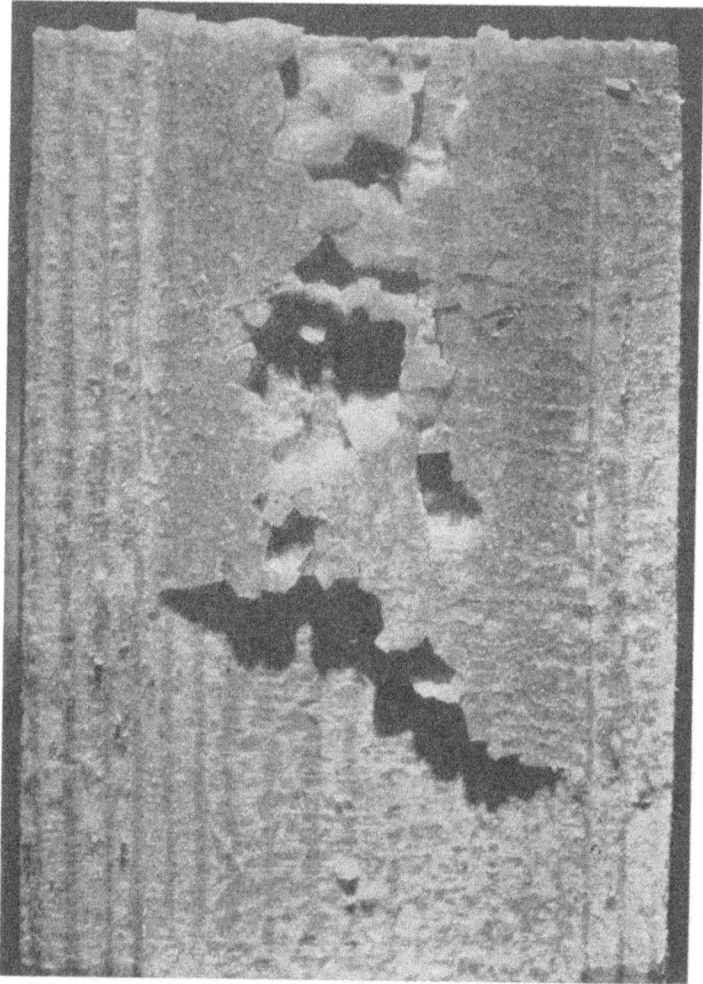

Leimfläche Vergrößerung 3 : 1
146

147

Verleimungen
zum Vergleich von Klemm-Leim
und Kaurit-Leim

(quantitative Untersuchung)

Probe Nr. 136
Leimfläche .... 2,5 mm vertieft
Bindemittel .... Klemm-Leim
Prüftag .... 24 Tage nach Verleimung
Bindefestigkeit .... 65,1 kg/cm^2

Verkleinerung
148

Leimfläche Orig.-Größe
149

Leimfläche Vergrößerung 3 : 1
150

151

Verleimungen
zum Vergleich von Klemm-Leim
und Kaurit-Leim

(quantitative Untersuchung)

Probe Nr. 148
Leimfläche .... 2,5 mm vertieft
Bindemittel .... Kaurit-Leim
Prüftag .... 32 Tage nach Verleimung
Bindefestigkeit .... 34,1 kg/cm²

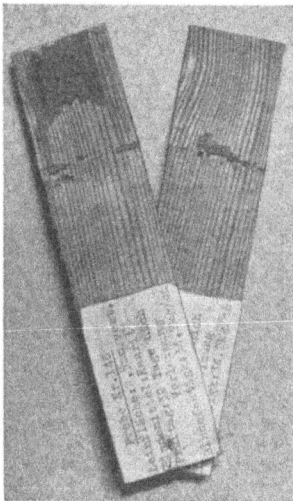

Verkleinerung
152

Leimfläche Orig.-Größe
153

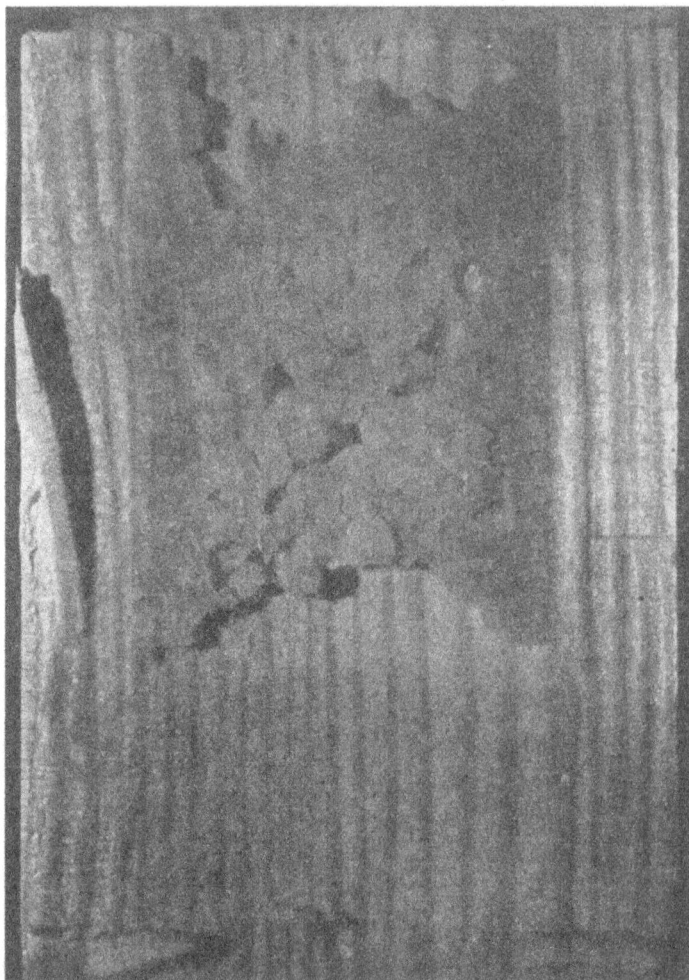

Leimfläche Vergrößerung 3 : 1
155

155

Verleimungen
zum Vergleich von Klemm-Leim
und Kaurit-Leim

(quantitative Untersuchung)

Probe Nr. 156
Leimfläche .... 2,5 mm vertieft
Bindemittel .... Klemm-Leim
Prüftag .... 32 Tage nach Verleimung
Bindefestigkeit .... 73,3 kg/cm^2

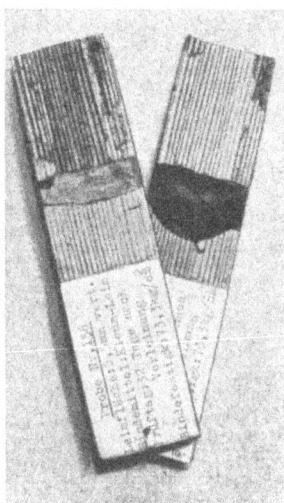

Verkleinerung
156

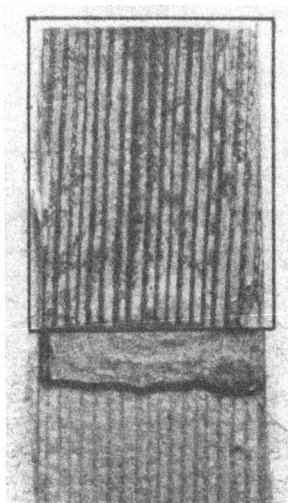

Leimfläche Orig.-Größe
157

Leimfläche Vergrößerung 3 : 1
158

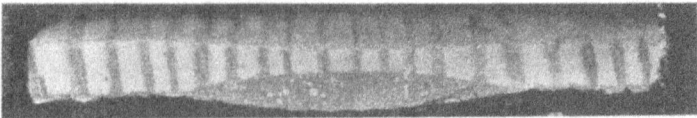

159

6. **Anschauungsversuche** über die Gefügeveränderung der Leime beim Altern.

a) Es wurden 5 mm starke Leimkuchen (in der Größe 80/80 mm) a u f ein kräftiges Brett aufgebracht und in verschiedenen Zeiten ihrer Erstarrung (am 1., 5., 10., 20. und 30. Tage) photographiert.

Die hiernach gewonnenen Abbildungen Tafel XXVII Bild Nr. 160 bis 164 zeigen anschaulich, daß sämtliche Leime, außer dem Klemm-Leim 1 : 5 (und 1 : 2,5), während ihrer Erstarrung bis zu 30 Tagen im Gefüge zerreißen und daher, entsprechend dem Maß ihrer Gefügezerstörung, an Verleimungsfestigkeit verlieren.

b) Um den in der Praxis vorkommenden tatsächlichen Verhältnissen möglichst nahe zu kommen, wurden in derselben Weise, wie vor, Leimkuchen z w i s c h e n zwei kräftige, im Abstand von 5 mm festgehaltene Bretter aufgebracht und mit diesen verleimt. Nach 30 Tagen wurden Querschnitte durch die Bretter ausgeführt und diese photographiert.

Die hiernach gewonnenen Abbildungen Tafel XXVII Bild Nr. 165 bis 167 zeigen noch überzeugender die völlige Gefügezerstörung aller anderen Leime außer dem Klemm-Leim.

Der Klemm-Leim 1 : 10 zeigt allerdings a u c h eine Gefügezerstörung, aber nur senkrecht zur Leimfläche, nicht aber horizontal zu ihr. Demnach ist die Verleimungsfestigkeit auch der Klemm-Leim-Mischung 1 : 10 praktisch kaum gesunken.

Diese anschaulich dargestellten, völligen G e f ü g e z e r s t ö r u n - g e n a l l e r L e i m e , a u ß e r d e m K l e m m - L e i m (1 : 5), geben eine Erklärung für „wackelige" Stuhl- und Tischfüße, Wagengestelle usw., deren Verleimung ohne Zweifel fachgerecht, also fehlerlos, ausgeführt worden war.

137

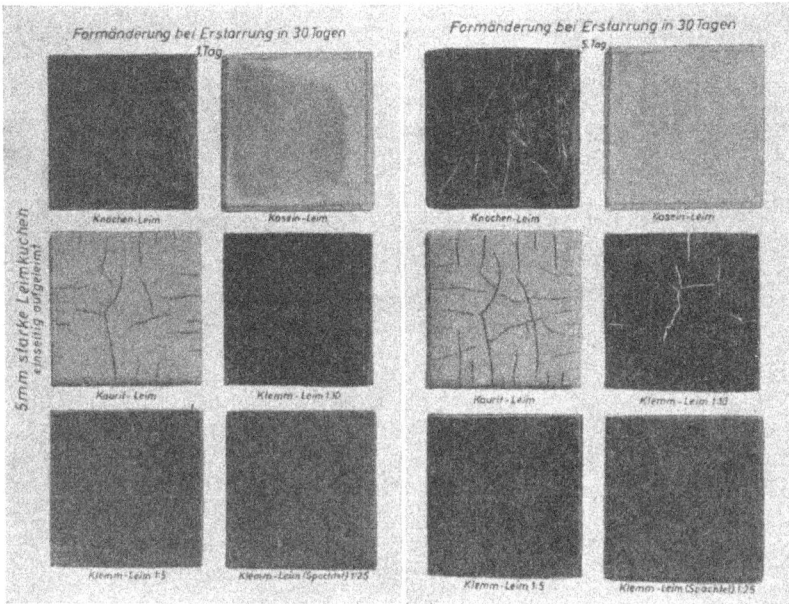

160   161

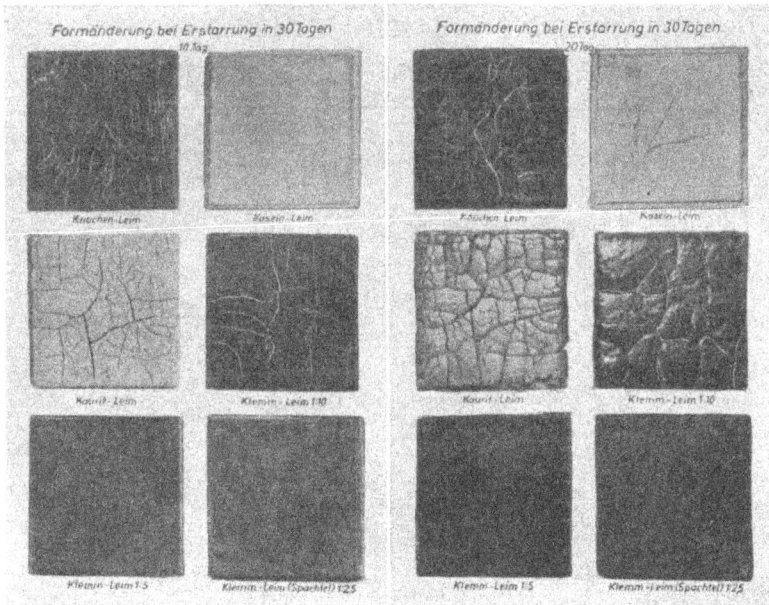

162   163

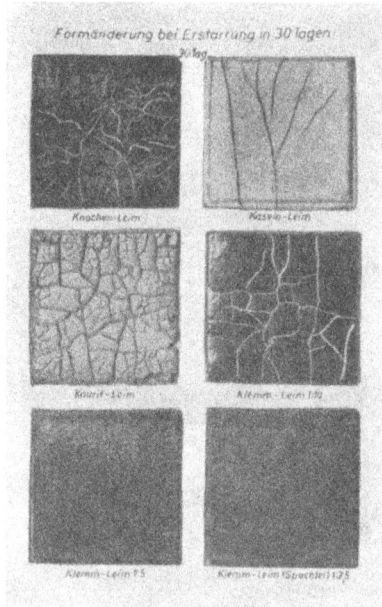

Formänderung bei Erstarrung in 30 Tagen

164

165

5 mm starke Leimschicht
Schnitt nach 30 Tagen

166

5 mm starke Leimschicht
Schnitt nach 30 Tagen

167

5 mm starke Leimschicht
Schnitt nach 30 Tagen

Dritter Abschnitt:

Zusammenfassung

A.

Die systematischen E i n z e l l e i m v e r s u c h e , die speziellen Versuche „z u m V e r g l e i c h d e s K l e m m - u n d K a u r i t - L e i m s , die Ergebnisse der Praxis und besonders aber die q u a n t i t a t i v e n A l t e r u n g s v e r s u c h e und die „A n s c h a u u n g s v e r s u c h e" ergeben ein klares Bild über die Eigenschaften des Klemm-Leims, insbesondere gegenüber denen des Kaurit-Leims bei dickeren Verleimungen.

Die festgestellten mittleren Bindefestigkeiten der K l e m m - V e r l e i - m u n g sind sowohl bei P l a n - wie bei u n e b e n e r V e r l e i m u n g auch nach einer Abbindedauer bis zu 32 Tagen nahezu gleich hoch (22–52 % über dem „Sollwert": 55 kg/cm²).

Die Bindefestigkeiten der u n e b e n e n K a u r i t - V e r l e i m u n g zeigen jedoch eine mit der Alterung stark abfallende Tendenz: nach 8 Tagen 8 %, nach 32 Tagen sogar 31 % Abfall. Letzterer Abfall ist aber tatsächlich an der „Unebenheit" noch weit höher: Die Proben mit vertieften Flächen haben ja noch eine plane Leimfläche von 4 cm² (33 %), für welche bei Kaurit-Planverleimung eine mittlere Bindefestigkeit von 70 kg/cm² angenommen werden kann. Es beträgt hiernach die Bindefestigkeit an der vertieften Stelle (8 cm² = 67 %), z. B. 32 Tage nach Verleimung – wie aus der tabellarischen Zusammenstellung Seite 109 und 110 hervorgeht – im Mittel **nur noch 21,7 kg/cm²** (– 60 % bezogen auf den Sollwert).

Daß diese für die **Kaurit**-Verleimung leidige Erscheinung tatsächlich auf der **Rissebildung** (infolge Kontraktionsspannung) beruht und daß dies b e i d e r K l e m m - V e r l e i m u n g n i c h t auftritt, zeigen die beigefügten Abbildungen, insbesondere die Vergrößerungen) sehr anschaulich. (Tafeln VII–XIV, XVI–XXVI.)

Die den K l e m m - L e i m ergebende „A b m a g e r u n g" des Kaurit-Leims ist es, wie diese Versuche erweisen, welche die erwünschte Wirkung der B e s e i t i g u n g d e r R i s s e b i l d u n g beim Erstarren des Leimes, damit also die Erhaltung seines ungestörten Gefüges und daher – auch bei dickerer Leimschicht – die Erhaltung seiner Bindefestigkeit tatsächlich ergibt.

Diese Feststellung besagt, daß, im Gegensatz zur Kaurit-Verleimung, bei Klemm-Verleimung keine über die z. B. bei Kasein-Verleimung hinausgehende besondere Sorgfalt hinsichtlich der „planen" Genauigkeit der zu verleimenden Flächen und der Art und Verteilung des „Zwingendrucks" erforderlich ist.

Mit dieser Feststellung soll ein Weg zur Beseitigung der S c h w i e r i g - k e i t e n einer in üblicher Sorgfalt arbeitenden Praxis hinsichtlich der Verleimung gezeigt, aber natürlich k e i n e r u n s a c h g e m ä ß e n P f u s c h a r b e i t Eingang verschafft werden.

B. Die t e c h n i s c h w i c h t i g e n E i g e n s c h a f t e n der unter- suchten Leime:

1. Der K a u r i t - Leim wie auch der K n o c h e n - und K a s e i n - leim d a r f n i c h t in d i c k e r e n L a g e n aufgetragen oder gar zur Füllung von Leimnestern verwendet werden, weil er hier- bei während der Alterung reißt und dabei an Bindefestigkeit erheblich verliert.

2. Der K l e m m - L e i m k a n n ohne schädliche Wirkung sowohl in d i c k e r e n L a g e n aufgetragen, wie auch zur Füllung von Leimnestern verwendet werden, ohne bei seiner Erstarrung, auch bei Alterung, Risse zu bekommen und eine Einbuße an Binde- festigkeit zu erleiden.

3. Im Gegensatz zur Verleimung mit Kaurit-Leim, bei welcher auf die Sattheit, d. h. gute Verteilung des Zwingendrucks auf die zu verleimenden Flächen sehr zu achten ist, kann bei der Ver- leimung mit Klemm-Leim der Zwingendruck in bisher üblicher Weise erfolgen, braucht jedenfalls nicht mit ganz besonderer Sorgfalt zu geschehen.

4. Für hochbeanspruchte Verleimung kann das Abmagerungsver- hältnis K l e m m - L e i m mit 1:5 angenommen werden, wobei die zu erreichende Bindefestigkeit noch erheblich über der- jenigen der drei Soll-Forderungen (BVF: trocken, naß, wieder trocken) liegt. Tabelle 34

Leim	Bindefestigkeit			Abbindung			Leim-nester mögl.?	Leim-Auftrag		Zwingen-druck	Farbe
	trocken	naß	wieder trocken	Zeit Std.	Art	Risse?		Stärke	Art		
Sollwert n. BVF . .	55	20	50								
Knochen	60	2,3	18,6	15	spröde	ja	abzu- raten	normal	zäh- flüssig	normal	bräunlich
Kasein	68	31	59	150	spröde	ja	abzu- raten	normal	dick- lich	normal	milchig
Kaurit	68	46	59	24	sehr spröde	sehr stark	nein	sehr dünn	dünn honig	satt u. sehr gleichmäß.	wasserhell (honigart.)
Klemm 1:10	67	54	64	24	elast.	nein	ja	normal	dick- lich	normal	schwärzl.
1:5	64	40	56								

Graphische Darstellung der technologischen Eigenschaften der untersuchten Leime:

(Gr. D. 26)

Abbindezeit

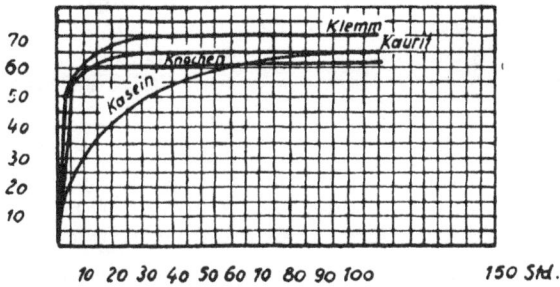

Volumenänderung (Gr. D. 27)

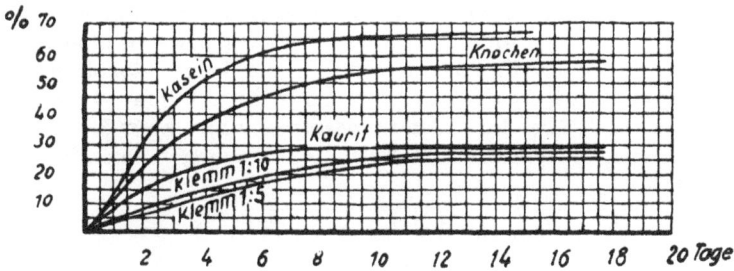

Gewichtsänderung (Gr. D. 28)

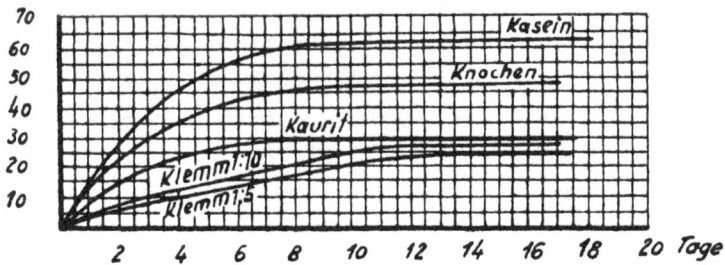

C.

Wie im „Dissertations-Vorwort" dieser Arbeit ausgeführt, galt es, in ihr zu erweisen, daß für die holzverarbeitende Industrie der den bislang verwendeten Leimen (Knochen- und Kasein-Leim) in seinen vorzüglichen Eigenschaften (kurze Abbindezeit, absolute Wasser- und Schimmelfestigkeit) weit überlegene K a u r i t - Leim doch auch betriebstechnisch so große Nachteile besitzt, daß die Praxis mit erheblichen betriebstechnischen Schwierigkeiten bei seiner Verwendung bedacht wurde.

Es galt ferner, zu erweisen, daß der neugeschaffene K l e m m - L e i m diesen Schwierigkeiten abhilft, ohne daß bei ihm die bemerkenswert guten Eigenschaften des Kaurit-Leims verloren gehen.

Zwecks allgemeineren Überblicks wurden in dieser Arbeit auch die älteren Leime (Knochen- und Kasein-Leim) auf ihre technologischen Eigenschaften im Vergleich zum Kaurit- und Klemm-Leim untersucht.

Zur Klärung des unterschiedlichen Verhaltens des Knochen-, des Kasein- und besonders des Kaurit-Leims gegenüber dem Klemm-Leim (zugunsten des letzteren) in „dickeren Aufstrichen" und bei Füllung von „Leimnestern" wurden e r s t m a l s Untersuchungen über den Einfluß verschiedenen P r e ß d r u c k s (auf die Leimfestigkeit bezogen), über das „S c h w u n d m a ß" der L e i m e und ihre „S c h w u n d - e l a s t i z i t ä t", über ihre **„Alterungserscheinung"** (beim Erhärten) und endlich wurden über letztere noch **„Anschauungs"**-Versuche durchgeführt.

Es zeigte sich hierbei, daß die Volumen-, Gewichts- und Formänderung des Klemm-Leims allmählicher, elastischer verläuft als diejenige aller anderen Leime, besonders auch des Kaurit-Leims.

N u r b e i m K l e m m - L e i m w e r d e n d i e bei anderen Leimen in sogar nur mäßig dicken Leimschichten auftretenden R i s s e b i l - d u n g e n (b e i A l t e r u n g) v e r m i e d e n ; nur mit Klemm-Leim ist es möglich, unebene Verleimungen auszuführen und sogar größere L e i m n e s t e r ohne Absinken der Bindefestigkeit auszuführen.

Die angestellten Untersuchungen ergeben die bislang gefehlte Erklärung über die technologischen Gründe dieser interessanten und für die Praxis höchst wichtigen Erscheinung.

„Unebene" Leimflächen (z. B. über 0,2 mm Unebenheit) kommen in der Praxis nicht selten vor, so bei der Bautischlerei, besonders aber bei der Zimmerei.

Mit seiner (dem Kaurit-Leim gleichen) absoluten Witterungs- und Schimmelfestigkeit eröffnen sich für den Klemm-Leim daher **neue Anwendungsgebiete für den Holzbau, z. B. Hoch- und Tiefbau** (Entbehren von Schraub- usw. Verbindungen), insbesondere auch unter Beachtung des durch die Arbeiten von Brenner-Krämer (1) gefundenen „vergüteten" Holzes.

Der „Klemm-Leim" kann also **für die deutsche Volkswirtschaft beachtlich gute Wirkungen** auslösen, zumal seine Verwendung keine Verteuerung, sondern, im Ganzen gesehen (besonders wegen der einfacheren Holzbearbeitung) **eine Verbilligung für die holzbearbeitende** Industrie zu bringen vermag.

Möge vorliegende Arbeit der Praxis, für die sie geschrieben ist, von einigem Nutzen sein und ihr, was bezweckt ist, einen guten Überblick über das behandelte besondere „Leimgebiet" und, nicht zuletzt durch verständige Auswertung ihrer Versuchsergebnisse, ein richtiges „Gefühl" für die zweckmäßige Verwendung der untersuchten Leime geben und dadurch die Verbreitung der für die Qualität ihrer Erzeugnisse so wichtigen **Kunstharzverleimung auch im Handwerk** fördern.

144

Vierter Abschnitt:

Schrifttum

1. **Brenner, P. u. Krämer, O.:** Holzvergütung durch Kunstharz-verleimung.
   Mitt. d. Fachaussch. f. Holzfragen, Heft 12.

2. — Holzvergütung durch Tränkung und Aufteilen usw.
   Luftfahrtforschung, Bd. 9 (1932), Heft 4.

3. **Krämer, O.:** Aufbau und Verleimung von Flugzeugsperrholz.
   Luftfahrtforschung, Bd. 11 (1934), Nr. 2

4. — Der Einfluß der Leimung an die Güte von Flugzeugsperrholz.
   Luftfahrtforschung, Bd. 8 (1930).

5. **Gerngroß, O. u. Goebel, E.:** Chemie und Technologie der Leim- und Gelatinefabrikation.
   Verlag Th. Steinkopf, Leipzig.

6. **Gerngroß, O.:** Holzleime und ihre Prüfung.
   Zeitschr. f. angewandte Chemie, 1931, Heft 44.

7. — Über Filmverleimung.
   Zeitschr. „Sperrholz", 1930, Heft 22.

8. — Über Sperrholzleime.
   DVL-Jahrbuch 1930.

9. **Mörath, E. u. Mertz, H.:** Untersuchungen über die günstigsten Bedingungen bei Leimverbindungen.
   Mitt. d. Fachaussch. f. Holzfragen, Heft 14.

10. **Mörath, E.:** Neuere Erfahrungen a. d. Gebiet d. Holzverleimung.
    AWF-Mitt. Heft 7.

11. Kollmann, F.: Kaltleime.
    Zeitschr. „Holzindustrie" 1933.

12. — Verarbeitung von Leimfilmen.
    Zeitschr. „Holztechnik", 1936, Heft 14.

13. — Kauritverleimungen.
    Zeitschr. „Holztechnik", 1936, Heft 8.

14. Kullmann, F.: Wasserfeste Verleimung.
    Zeitschr. „Holztechnik", 1935, Heft 11.

15. Gaber, E.: Abbindezeit u. Festigkeit verschiedener Leime.
    Zeitschr. „Holzindustrie", 1933.

16. Dawidowsky, F.: Die Leim- u. Gelatinefabrikation.
    Verlag A. Harleben, Wien u. Leipzig.

17. Stadlinger, H.: Die Leimfibel.
    Allg. Industrieverlag, Berlin.

18. Deutsche Versuchsanstalt für Luftfahrt: Bauvorschriften für Flugzeuge (BVF) 1928 u. 1933.

19. Council for Scientific and industrial Resarch of Forest Gluing Practice Products: Trade Circular Nr. 14, 1923, Melbourn.

20. Deutsche Patent-Schrift: Nr. 60 156 (betr. Kaseinleim), 1891.

21. Deutsche Patent-Schrift: Nr. 307 196 (Schütte-Lanz), 1917.

22. Deutsche Patent-Schrift: Nr. 309 423 (Schütte-Lanz), 1916.

23. Deutsche Patent-Schrift: Nr. 550 647 (betr.: Kauritleim), 1929.

24. Amerikan. Patent-Schrift: Nr. 299 747 (Bakelite-Leimfilm), 1919.

25. Deutsche Patent-Schrift: (Tego-Film).

Das z. Zt. bekannte, vorzusammengestellte Schrifttum steht fast ausnahmslos nur in sehr losem Zusammenhang mit vorliegender Arbeit. Die darin angestellten Betrachtungen und Versuche beziehen sich im wesentlichen auf die Verwendung der Leime zur Sperrholzfabrikation

oder zum Furnierleimen. Für diese Gebiete aber kommen die erörterten Nachteile des Kaurit-Leims – wegen deren ja nur der Klemm-
Leim geschaffen wurde – nicht so störend in Betracht, da bei ihnen
ja nur völlig „plane" Flächen verleimt werden, für diese Verwendung
braucht daher der Klemm-Leim, abgesehen von der Leimersparnis,
nicht in Frage zu kommen.

Außer in einer unveröffentlichten Arbeit von Krämer-Küch (Verleimversuche mit Kaurit-Leim) und in einer kurzen Betrachtung (in der
Arbeit von Gaber (15), die sich nur auf Knochen- und zwei Sorten
Kasein-Leim bezieht), konnten im ganzen Schrifttum keine Untersuchungen über die „Abhängigkeit der Leimfestigkeit von der Abbindezeit" gefunden werden.

Untersuchungen über „Leimschwund", die „Schwundelastizität", sodann über „dickere Leimschichten" und „Alterungsversuche" sind im
Schrifttum ebenfalls nicht vertreten.

Gerade solche Untersuchungen haben aber, wie vorliegende Arbeit
zeigt, eine große Bedeutung für die leimverarbeitende Praxis hinsichtlich Arbeits-, Zeit-, Personal- und Raumdisposition.

www.ingramcontent.com/pod-product-compliance
Lightning Source LLC
Chambersburg PA
CBHW031444180326
41458CB00002B/635